전문가가 소개하는
도시분야 진로탐색

미래의 인재, **'도시'** 분야 진로가 궁금한가요?

WHAT'S URBAN DESIGN?

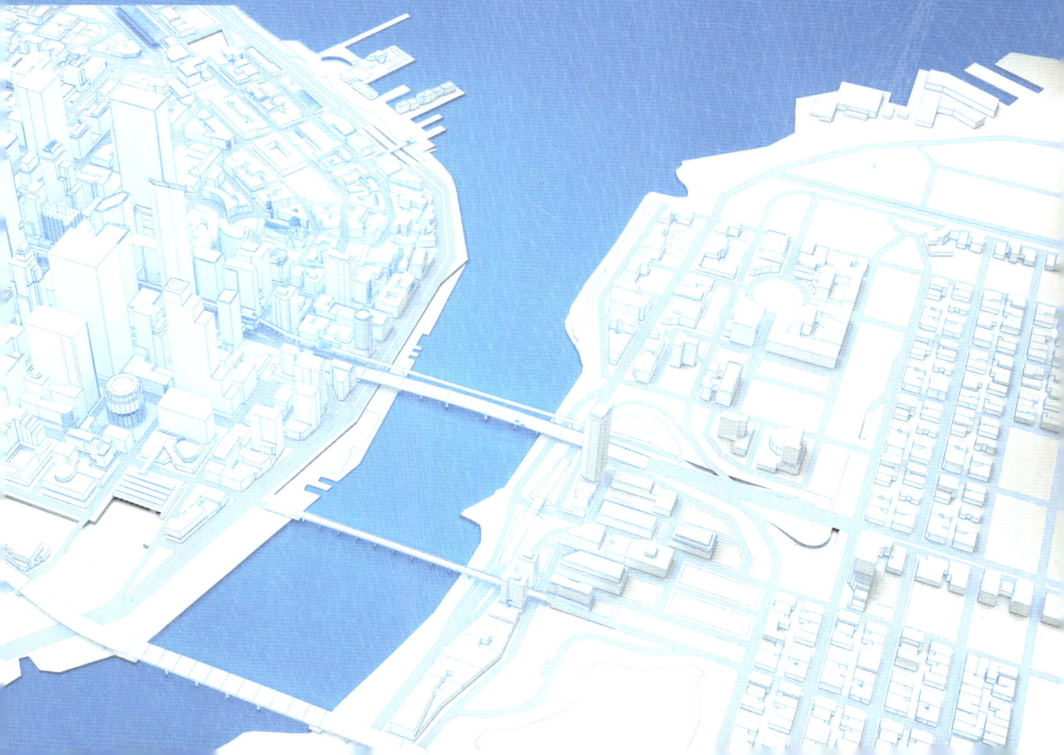

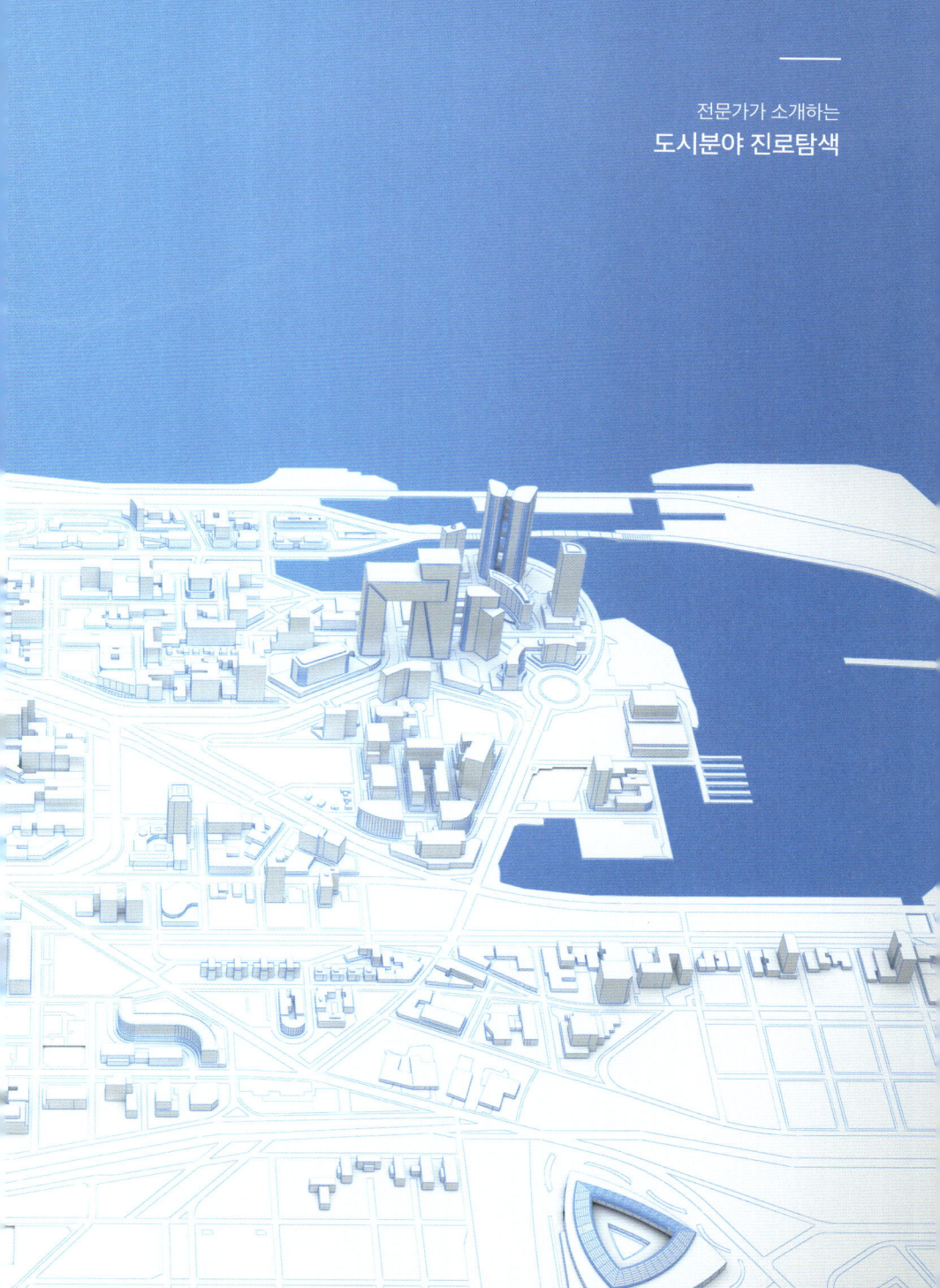

전문가가 소개하는
도시분야 진로탐색

CONTENTS

발간사

프롤로그
_ 책을 펴내며

01

도시를 공부하기 전에

1. 도시란 무엇인가?   **12**
2. 도시 분야의 중요성과 가치   **13**
3. 도시 분야의 필요성   **15**

02

도시를 공부하고 싶다면

1. 도시 관련 교과과정   **18**
2. 건축 관련 교과과정   **22**
3. 조경 관련 교과과정   **28**
4. 대학별 도시 관련학과 탐구하기!   **30**

03

도시분야 전문가 소개

1. 위원회별 도시분야 전문가　　　　　　　　　　　**100**

04

도시를 선택한 여러분에게

1. 후배들을 위한 미래의 도시 가치와 전망　　　　　**206**
2. 한국도시설계학회 12대 여성연구자 연구위원회에서　**226**
　후학들에게 전하고 싶은 말
3. 한국도시설계학회 12대위원회 소개　　　　　　　**232**

발 간 사

안녕하세요.
미래의 도시설계분야 전문가가 될 학생들에게 인사를 하게 되어 매우 기쁘게 생각합니다.
저는 한국도시설계학회 20대 회장인 김세용 교수입니다.

한국도시설계학회는 2000년 봄 출범한 후 국내 도시설계 분야의 최고 학술단체로 성장하여 자리매김한 학회입니다. 20여년 동안 도시설계 분야에서 괄목할만한 성과를 가져오며 발전할 수 있었던 것은 6천여명의 관련 분야 전문가들이 함께 헌신하고 노력하고 있기 때문입니다.

한국도시설계학회는 학술기관에서 도시설계 교육을 시작하면서 발전하였던 분야입니다. 전문가들이 도시문제를 해결하고자 교육프로그램을 만들면서 태동했던 분야인만큼 학술기관의 목소리가 중요하며, 지금과 같은 시대적 대전환기에는 사회에서 요구하는 새로운 솔루션을 우리 학회가 제공해야하는 실무적 역할이 더욱 중요하다 할 수 있습니다.

따라서 사회의 변화와 위기문제를 해결하고자 학문적, 이론적, 실무적 해법을 모색하는데 앞장서고 있습니다. 또한 시대를 선도할 소명과 어젠더를 발굴하여 사회를 이끌어가야 할 전문단체로서 사회적 책임을 다하기 위해 노력하고 있습니다.

학회의 가장 중요한 사회적 책임 중 하나로, 우리는 미래를 도시설계분야의 중요성과 역할을 알리고, 미래를 이끌어갈 후학들에게 방향성을 공유하는 것이 매우 중요하다 생각하고 있습니다. 여러분 한분 한분이 우리 사회의 발전을 이끌어갈 중요한 미래인재라고 생각합니다.

조금은 생소하고, 막연하게 여겨질 수도 있겠지만, 도시설계 분야는 항상 여러분의 주변에 삶에 스며들어 있었습니다. 도시를 설계하고, 계획하며, 이를 뒷받침하는 정책과 제도를 만드는 일, 또 이를 공유하고 소통할 수 있게 하는 등, 다양한 분야들이 도시설계 분야이기 때문입니다.

한국도시설계학회는 다양한 프로그램을 통해 미래의 인재들이 함께 사회를 구성하고, 도시를 발전시켜 나갈 수 있는 계기를 마련하고자 노력하고 있습니다. 이번 진로서 외에도 교육, 창의, 융합 분야에서 학생 여러분들이 보다 관심을 갖고, 도전적으로 참여할 수 있도록 지속적인 기회를 제공하겠습니다.

우리 학회와 미래의 인재들이 함께 만들어가는 미래 도시를 상상하며, 인사말을 마칩니다.
감사합니다.

(사)한국도시설계학회
회장 **김 세 용**
고려대학교 건축학과/도시재생학과 교수

프롤로그 _ 책을 펴내며

안녕하세요. 여러분,
한국도시설계학회 제 20대 여성연구자 연구위원회에서 기획하고 준비한 진로서를 소개하게 되어 진심으로 기쁘게 생각합니다. 저희 연구 위원회에서는 '다양하고 다소 복잡하게 느껴질 수 있는 대학 입시 구조에서 <도시설계> 관련 분야에 관심을 갖고, 미래를 꿈꾸는 후학들에게 학회가 어떤 도움을 줄 수 있을까?' 고민하였습니다.

대학별 전공과 분야에 관한 홍보자료에 학교별 내용은 보다 자세히 잘 나와 있겠지만, 실제 해당 학과에 진학하여 대학생활을 보낸 후 어떤 분야의 일을 하게 되는지 알기는 쉽지 않습니다. 또한 최근의 급변하는 사회 트렌드를 고려한다면, 여러분이 고심하여 선택한 진로가 10년 후 20년 후에도 지속될 것인지 우려가 되는 것도 사실입니다. 건축, 토목, 인테리어 등과 같이 세분화 된 분야보다 조금 더 넓고, 생소하게 느껴질 수 있지만, 어쩌면 여러분들 삶에 가장 밀접하게 관계 맺고 있는 것이 도시 분야일지도 모릅니다.

이를 위해 본 진로서는 크게 4개의 챕터로 구성되어 작성되었습니다.
먼저 <Chapter 1. 도시를 공부하기 전에>는 이렇게 복잡한 도시가 무엇인지 알아보고, 도시 분야의 가치와 필요성을 이해하는데 도움이 될 것입니다.

<Chapter 2. 도시를 공부하고 싶다면>에서는 국내 여러 대학에서 도시설계관련 진로를 택할 수 있는 학과(학부)를 소개하였습니다. 대학의 건축학부(건축학과)를 졸업한 후에도 도시와 관련된 분야의 진로를 택할 수 있지만, 본 진로서에서 건축 관련 소개는 잠시 미루어두었습니다. 건축학부(과) 외에도 도시설계분야를 택할 수 있는 다양한 학과가 있음을 소개하고, 향후 여러분들이 진로를 선택하는데 보다 폭넓은 안목을 가질 수 있도록 도움을 드리고자 해당 부분을 정리하게 되었습니다.

<Chapter 3. 54개 위원회별 도시분야 전문가 소개>에서는 여러분들이 대학을 졸업한 후의 진로를 고민해 볼 수 있도록 관련분야 전문가들께 공통질문을 드리게 되었습니다.
도시설계학회의 전문가분들께서 여러분들을 위해 작성해주신 답변을 확인해주세요. 아마도 도시 분야는 공학, 사회학, 인문, 경제학 등과 같이 일정한 전문분야로 규정될 수 없음에 놀랄지도 모릅니다. 또한 다양한 학문분야가 융합적, 통합적으로 연계되어 나아갈 수 있다는 것도 알게 될 것입니다.

끝으로 <Chapter 4. 도시를 선택한 여러분에게>에서는 미래의 도시분야에 대한 새로운 생각을 담고자 전문가들의 의견을 담아보았습니다. 미래사회를 이끄는 중요한 가치가 무엇일지, 또 그 가치를 어떻게 유지하며 도시를 만들어갈지 함께 고민해보는 시간이 되었으면 좋겠습니다.

아마도 지금 우리가 살고 있는 도시가 영원한 도시의 모습은 아닐겁니다.
과거와 현재가 다르듯이 미래의 도시는 또 그에 맞게 구성되고, 조직되고, 설계되겠지요.
이 책을 펼쳐 든 학생분들께서 멀지않은 그 미래의 도시를 이끌어주기를 희망해봅니다.
끝으로, 이 책이 완성되기까지 도움주신 많은 전문가 분들께 진심으로 감사드립니다.

(사)한국도시설계학회
여성연구자 연구위원회 위원장 **유 해 연**
숭실대학교 건축학부 교수

01

도시를 공부하기 전에

1. 도시란 무엇인가?
2. 도시 분야의 중요성과 가치
3. 도시 분야의 필요성

도시를 공부하기 전에

1. 도시란 무엇인가?

인류의 역사에 따라 도시는 발전해 왔다.

최초의 도시로 추정되는 기원전 9500년경의 테페는 수렵생활을 기반으로 하는 인류의 종교적 성소로 추정된다. 농업을 기반한 촌락도시는 농업을 지탱하기 위한 관개수로와 홍수방지 시설의 설치가 주요 기반시설이자 권력의 기반이었다. 고대 그리스 아테네는 자유로운 도시국가를 형성하였으며 로마시대와 중세시대는 제국의 통치거점이자 지배의 거점이었다.

상업이 발달하면서 영주의 지배에서 벗어난 자유도시가 11세기 중세 후반부터 생겨났다. 이 시기 자유도시는 고대 아테네처럼 국가와 비슷한 주체였다. 근대 국가가 출현하면서 도시는 국가의 하위 단위로 편입되었으며 동시에 도시마다의 자치권을 갖는 주체가 되었다.

세계화가 진행되면서 도시는 통합되는 세계 경제 네트워크에서 결절점을 담당하고 있다.

도시란 인류역사에서 경제기반과 정치형태에 따라 다른 형태로 나타나고 있지만 그 시대의 경제와 정치 거점이며 문명의 집약적 반영이라는 면에서는 변함이 없다.

2. 도시 분야의 중요성과 가치

도시를 배우고 연구하는 것이 왜 중요할까? 건축이나 조경, 지리처럼 우리가 사는 물리적 공간을 다루는 학문은 많다. 인생에서 오랜 시간을 보내는 장소는 아마도 집이니까 건축이 내 삶에 더 영향을 주는 것은 아닐까.

도시학은 도시 속에서 살아가는 개인인 '나' 한 명을 대상으로 하는 학문이 아니다. 도시는 특정한 공간 범위 내에서 살아가는 사람 집합의 규모, 즉 인구수를 기준으로 도시인지 아닌지를 판단하며 우리는 이미 전제부터 '많은 사람이 사는 장소'를 도시라고 부르는 것이다. 따라서 기본적으로 특정한 사람을 대상으로 하지 않고 최대한 많은 사람의 이익과 편의, 더 나은 삶의 형태를 가질 수 있도록 제도를 만들고, 정책을 제시하고, 사업을 시행하고자 한다. 도시학의 가치는 어떻게 하면 한정된 자원을 활용하여 더 많은 시민에게 긍정적인 영향과 만족을 줄 수 있는가에 대한 고민에서 시작한다.

공간적 측면에서 볼 때, 옛날에는 수도나 규모가 큰 거점도시를 제외하고는 사람이나 소, 말 등이 자주 지나다니면서 자연적으로 길을 만들었고, 성이 같은 가족과 친척이 무리를 모여 사는 경우가 많았으며 동네 주민의 규모도 매우 작아 일상적으로 상점이나 시장이 있는 지역이 지금보다 적었다. 집이나 묘지를 새로 지을 때는 자연적 위치나 동서남북의 방위를 중요하게 생각하는 풍수지리의 도움을 받았다. 하지만 현대의 계획도시는 계획을 통해 여기에 살게 될 사람이 몇 명일지를 사전에 예측하고 그 규모에 적당한 공간적 배치를 하면서 현재 여러분이 살고 있는 형태를 만들어준다. 여러분의 학교나 집, 학원, 잘 다니는 상점가, 공원이 왜 거기에 있는지 생각해본 적이 있을까? 이러한 배치나 동선은 도시의 계획 단계에서부터 어느 정도 갖추어진 것이다. 즉, 어떤 도시에 살기로 한 순간부터 그곳에서의 삶의 패턴이나 이동 루트는 도시계획에 의해 어느 정도 정해진 것과 같다. 여러분은 지금의 나의 일상에서의 이동 경로나 이용하는 시설의 배치가 마음에 드는가? 마음에 들지 않거나 더 나은 대안을 제시할 수 있다면 도시학에 관심을 가져볼 필요가 있다.

도시를 공부하기 전에

도시학은 공간 계획뿐 아니라 공간 내에서 발생하는 많은 문제에도 대응해야 하는 학문이다. 지금 우리 도시에서 나타나는 문제는 무엇인지, 원인은 무엇이며 이를 개선하거나 해결하는 데 필요한 제도나 정책은 무엇인지를 파악하고 제시해주어야 하는 역할로 설명할 수 있다. 도시의 문제들은 시간이 지나면서 삶의 형태의 변화나 기술 발전에 따라 계속 새롭게 나타나거나 변화하기 때문에 도시학에 대한 수요는 꾸준하다.

인구가 급격히 증가하던 시기에 도시의 과제는 양질의 주택을 되도록 많이 보급하는 것이었지만 인구가 급격히 줄어들고 있는 지금에 와서는 이러한 주택들이 사람이 살지 않는 빈집으로 남겨지고 있는 것에 대응해야 한다. 예전에는 큰 문제 없었던 상점가가 갑자기 사람들이 찾는 관광지가 되면서 활성화되자 건물주들이 임대료를 크게 올리고, 비싼 임대료를 버티지 못하는 가게 주인들이 다른 곳으로 이전하면서 거리가 정체성을 잃게 되는 문제(젠트리피케이션)에는 어떻게 대응해야 하는지도 도시학에서 고민할 문제이다. 정보통신 기술이 발달하면서 도시공간에 다양한 기술을 접목할 수 있게 되었는데, 과연 도시에 어떤 기술을 어떻게 적용할 수 있으며 이는 어느 분야에 도움을 줄 것인가(스마트도시)에 대한 정책적 제안이나 학문적 논의도 도시학에서 다루어진다.

3. 도시 분야의 필요성

도시학은 복잡하고 어렵다. 한 명을 만족시키면 되는 것이 아니고 수많은 사람을 대상으로 한다. 우리가 무언가를 함께 결정해야 할 때, 친구 한 명과 의견을 일치시키는 것과 한 반의 학생의 의견을 모두 일치시키는 것은 어려움의 정도가 다르다. 물론 한 반 학생들의 의견을 모두 통일시키는 것이 더 힘들고 시간도 오래걸리며, 의견 통일까지는 도달하더라도 누군가는 실제 내 의견과 다르다고 생각할 수도 있다. 도시학은 학문 영역에서는 공학(工學)에 속하지만 많은 사람들이 거주하며 의견을 낼 수 있다는 점에서 심리학이나 사회학과도 밀접하게 연관되어 있다. 또 정책이나 제도를 제안, 시행한다는 점에서 행정학과도 무관하지 않다. 물론 건축, 조경, 지리, 교통, 토목 등 물리공간적 실체를 대상으로 하는 학문과의 연계는 말할 것도 없다. 도시학을 공부한다는 것은 이러한 다양한 분야에 대해서 어느 정도의 지식을 가져야 할 필요성이 있다는 것을 의미하며, 반대로 여러 분야를 접해 보고 그중에서 나의 관심과 적성에 맞는 영역의 전문성을 가질 수 있는 선택지라는 말과도 같다.

하나의 문제에 대해 다양한 이론을 접목하거나 여러 사람의 의견을 듣고, 또 다른 지역의 사례 등을 참고하는 등의 여러 작업과 과정을 통해 새로운 방안을 만들어가는 것, 그리고 이를 통해 도시 문제의 해결을 돕고 많은 사람의 삶에 영향을 주는 것이 도시학의 가치이자 존재 이유로 볼 수 있다.

참고문헌

대한국토·도시계획학회(2010) 도시계획론 제5판 보성각
오설리반 저, 이번송 외 번역(2002) 오설리반의 도시경제학 제9판 박영사
김인 외(2006) 도시해석, 푸른길
강명구(2021) 도시의 자격, 서울연구원

02

도시를 공부하고 싶다면

본 챕터에서는 국내 대학의 도시 관련 학과(연계 학부)를 소개하고 있습니다. 다만, 도시와 관련된 전공은 대학의 특성, 학과(학부)의 구성에 따라 매우 다양하고 복합적으로 운영되고 있습니다. 따라서 본 챕터에서 소개되는 학과(학부) 외에도 보다 다양한 전공(건축, 환경, 조경, 부동산, 사회 등)에서 도시 관련 부분을 배우고 익힐 수 있습니다. 혹여 누락되고 놓친 부분이 있다면 너그럽게 양해부탁드립니다.

* 본장의 구성과 조사를 위해 **숭실대학교 건축학부 도시건축융합연구실**에서 도움을 주었습니다.

http://crrglivinglab.com/

1. 도시 관련 교과과정

도시 관련 전공에서 배우는 주요 교과과정

도시 관련 다양한 전공에서 배우는 교과과정은 대학별, 전공별 매우 상이합니다.
그러나, 대표적으로 이론과목과 설계과목, 그리고 이를 융합하거나 확산하여 새롭게 나타나고 있는 다양한 연계과목들이 있습니다.
현 페이지에서 작성된 교과목명은 다수의 대학에서 추출한 과목명으로, 대학에 따라 과목의 명칭은 다소 상이하더라도 유사한 내용을 배우고 익힐 수 있습니다.
또한 모든 대학의 커리큘럼을 공유할 수 없는 한계점을 고려하여, 각 대학의 학과 홈페이지에서 도시, 건축, 조경, 부동산 등 유관 학과를 검색하여 보다 자세한 정보를 습득하시길 추천해드립니다.

기초 이론과목
- 도시설계론
- 도시형태론
- 도시학개론
- 도시계획사

 설계과목
- 도시설계스튜디오
- 도시건축디자인 스튜디오
- 글로컬 도시디자인 스튜디오
- 해외도시건축설계
- 조경설계
- 경관계획과 설계

 확장 이론과목
- 도시행정학
- 도시재정학
- 도시사회학
- 도시조사론
- 도시지리학
- 도시과학론
- 도시환경론
- 도시설계특론

 현장 기반 과목
- 현장실무(인턴쉽)
- 스마트도시창업(창업관련 과목)

 연계과목
- 친환경과 도시
- 환경디자인론
- 건축과 도시의 이해
- 도시건축연구방법론
- 도시재생과 개발
- 도시계획과 재생
- 국토 및 지역계획
- 지속가능한 도시개발
- 지리정보시스템 특론
- 도시부동산 개발론
- 주택시장과 부동산 분석
- 부동산 개론 및 실무
- 도시행정 캡스톤 디자인
- 도시공간분석과 GIS
- 도시데이터와 공간분석
- 스마트 도시
- 도시공간 콘텐츠
- 스마트시티와 인프라 정보공학

대학별 도시 관련 전공

지역	학교명	학과명	전공
서울특별시	고려대학교	건축학과	도시계획 및 도시설계 전공
		스마트도시학부	
	광운대학교	도시계획부동산학과	
	국민대학교	건설시스템공학부	
	동국대학교	건설환경공학과	
	상명대학교	그린스마트시티학과	
	서경대학교	도시공학과	
	서울과학기술대학교	건설시스템공학과	
	서울대학교	건설환경공학부	
	서울시립대학교	도시공학과	
		도시행정학과	
		도시사회학과	
		공간정보공학	
	세종대학교	건설환경공학과	
	연세대학교	도시공학과	
		사회환경시스템공학부	건설환경공학과
	중앙대학교	도시계획·부동산학과	
		사회기반시스템공학부	도시시스템공학 전공
	한양대학교	도시공학과	
	홍익대학교	도시공학과	
인천광역시	안양대학교	스마트시티공학과	
	인천대학교	건설환경공학과	
		도시공학과	
		도시행정학과	
	인하대학교	사회인프라공학과	
	청운대학교	토목환경공학과	
경기도	가천대학교	도시계획·조경학부	도시계획학 전공
	강남대학교	부동산건설학부	스마트도시공학 전공
	경기대학교	스마트시티공학부	도시·교통공학 전공
	경희대학교	사회기반시스템공학과	
	단국대학교	도시계획·부동산학부	도시지역계획학전공
	대진대학교	스마트건설·환경공학부	스마트시티 전공
	성균관대학교	건설환경공학부	
	수원대학교	건축도시부동산학부	도시부동산학 전공
	평택대학교	도시계획부동산학과	
	협성대학교	도시공학과	
대구광역시	계명대학교	도시학부	도시계획학 전공
울산광역시	울산대학교	건설환경공학부	건설환경공학 전공

지역	학교명	학과명	전공
대전광역시	목원대학교	도시공학과	
	한남대학교	토목환경공학 전공	
	한밭대학교	도시공학과	
광주광역시	광주대학교	도시·부동산학과	
	전남대학교	건축학부	건축·도시설계 전공
부산광역시	경성대학교	도시계획학과	
	동아대학교	도시공학과	
	동의대학교	도시공학과	
	부산대학교	건설융합학부	도시공학과
강원도	강릉원주대학교	도시계획·부동산학과	
	상지대학교	도시계획부동산학과	
	한라대학교	도시인프라공학과	
충청도	공주대학교	스마트인프라공학과	
		도시·교통공학과	
	상명대학교	건설시스템공학과	
	선문대학교	건설시스템안전공학과	
	세명대학교	건설환경공학과	
	유원대학교	도시지적행정학과	
	청주대학교	조경도시학과	
	충북대학교	도시공학과	
	한국교통대학교	건설환경도시교통학부	도시·교통공학 전공
	한서대학교	환경·토목·건축학과	
경상도	경북대학교	스마트플랜트공학과	
	경상국립대학교	도시공학과	
	경일대학교	스마트공학부	건축토목공학 전공
	안동대학교	건설시스템공학과	
	영남대학교	도시공학과	
	창원대학교	스마트그린공학부	건설시스템공학 전공
	한동대학교	공간환경시스템공학부	도시환경 전공
전라도	동신대학교	도시계획학과	
	원광대학교	도시공학과	
	전북대학교	도시공학과	
	목포대학교	도시계획 및 조경학부	도시계획 및 지역개발학 전공
		지적학과	
제주도	제주국제대학교	토목공학전공	

지역	학교명	대학원명	전공
서울특별시	서울대학교	환경대학원	도시 및 지역계획학 전공
대전광역시	한국과학기술원(KAIST)	일반대학원	건설 및 환경공학과
울산광역시	울산과학기술원(UNIST)	일반대학원	도시건설공학 전공

*이 외에도 다양한 대학에서 관련 학과 및 전공을 공부할 수 있으니, 대학별 홈페이지를 통해 보다 자세한 확인을 부탁드립니다.

2. 건축 관련 교과과정

건축학인증

한국건축학교육인증원(Korea Architecture Accreditation Board, KAAB)은 건축학교육 프로그램을 위한 교과기준 및 교육지침을 제시하고 인증 및 자문을 시행합니다. 국제수준의 건축전문가 양성을 목표로 하며, 건축학교육인증을 부여받은 5년제 교육과정을 이수한 자는 건축사자격시험의 응시자격을 취득하게 됩니다.

해당 인증제도는 '도시설계의 기본원리 이해와 설계능력'을 핵심역량 중 하나로 지정하고 있으며, 도시계획 관련 사항을 평가기준으로 삼고 있습니다. 이에 따라 건축학인증제도를 시행하고 있는 5년제 건축학과 재학생들은 건축설계와 더불어 적정수준의 도시계획 교육도 이수하고 있습니다.

*자료 : 2018년도 한국건축학교육인증원 인증기준 및 절차, KAAB

도시관련 핵심역량

4. 도시설계의 기본원리를 이해하고 설계할 수 있는 능력

학생수행평가 기준(SPC)

6. 지속가능한 건축과 도시
   자연 및 인공자원의 합리적 이용과 역사 및 문화 자원의 보전을 위한 지속가능한 건축과 도시계획의 원리를 이해한다.

15. 건축과 도시설계
    도시계획 기본원리를 이해하고 비평적 관점에서 도시설계를 평가할 수 있으며 이를 바탕으로 건축설계를 할 수 있다.

*(예시) 한국도시설계학회 제 8회 도시설계공모전 수상작

5년제 건축전문 프로그램
개설대학 및 대학원

2022년 1월 기준

개설년도	5년제 건축전문 프로그램	대학수	건축(전문)대학원 프로그램
2002	강원대학교(춘천), 경기대학교, 경북대학교, 경상대학교, 공주대학교, 국민대학교, 단국대학교, 동아대학교, 동의대학교, 명지대학교(건축학전공), 목원대학교, 목포대학교, 배재대학교, 부경대학교, 부산대학교, 서울대학교, 서울과학기술대학교, 서울시립대학교, 선문대학교, 세종대학교, 순천대학교, 영남대학교, 울산대학교, 원광대학교, 인제대학교, 인하대학교, 전남대학교(광주), 전남대학교(여수), 전주대학교, 조선대학교, 청주대학교, 충남대학교, 충북대학교, 한경대학교, 한국예술종합학교, 한양대학교(서울), 한양대학교(안산), 호서대학교, 홍익대학교(서울)	39	건국대학교 건축전문대학원 (2년, 3년+)
2003	경남대학교, 가천대학교, 경일대학교, 계명대학교, 고려대학교, 광운대학교, 금오공과대학교, 대전대학교, 성균관대학교, 숭실대학교, 아주대학교, 연세대학교, 이화여자대학교, 제주대학교, 중앙대학교, 창원대학교, 한국교통대학교, 한남대학교, 한밭대학교	19	동국대학교 건축대학원 (4+2년)
2004	관동대학교, 동서대학교	2	인천대학교 건축대학원 (4+2년)
2005	광주대학교, 대구가톨릭대학교, 홍익대학교(조치원)	3	
2006	삼육대학교, 경남과학기술대학교	2	
2007	경희대학교	1	
2008	남서울대학교	1	
2009	명지대학교(전통건축전공)	-	
2011	경성대학교	1	
2012	동명대학교	1	
2013	순천향대학교, 신라대학교	2	
합계		69	3

*자료 : 국내 5년제 대학 및 건축 (전문)대학원 개설현황 , KAAB, 2022

건축학(5년제)으로 건축학인증을 받은 대학 외에도 건축학과(4년제)와 대학원에서도
도시관련 전공과목을 배울 수 있습니다.

대학별 건축 관련 전공

지역	학교명	학과명	전공
서울특별시	건국대학교	건축학부	건축설계 전공
			건축공학 전공
	고려대학교	건축사회환경공학부	
		건축학과	
	광운대학교	건축학과	
		건축공학과	
	국민대학교	건축학부	
	동국대학교	건축공학부	건축학 전공
			건축공학 전공
	디지털서울문화예술대학교	건축공학과	
	명지대학교	건축학부	
	삼육대학교	건축학과	
	서경대학교	토목건축공학	
	서울과학기술대학교	건축학부	건축학 전공
			건축공학 전공
	서울대학교	건축학부	건축학 전공
			건축공학 전공
	서울시립대학교	건축학부	건축학 전공
			건축공학 전공
	세종대학교	건축공학부	건축학 전공
			건축공학 전공
	숙명여자대학교	환경디자인과	건축디자인 전공
	숭실대학교	건축학부	건축학 전공
			건축공학 전공
			실내건축 전공
	연세대학교	건축공학과	
	이화여자대학교	건축학부	건축학 전공
			건축공학 전공
	중앙대학교	건축학부	건축학 전공
			건축공학 전공
	한국예술종합학교	건축과	
	한양대학교	건축학부	
		건축공학부	
	홍익대학교	건축학부	건축학 전공
인천광역시	인천대학교	도시건축학부	건축공학 전공
			도시건축학 전공
	인하대학교	건축학부	건축학 전공
			건축공학 전공
	청운대학교	건축공학과	

지역	학교명	학과명	전공
경기도	가천대학교	건축학과	
		건축공학과	
	강남대학교	부동산건설학부	건축공학 전공
	경기대학교	건축학과	
		건축공학과	
	경동대학교	건축토목공학부	건축디자인 전공
			건축공학 전공
	경희대학교	건축학과	
		건축공학과	
	단국대학교	건축학과	
		건축공학과	
	대진대학교	건축공학과	건축공학 전공
			건축학 전공
	성균관대학교	건축학과	
	수원대학교	건축도시부동산학부	건축학 전공
	아주대학교	건축학부	
	연성대학교	공간디자인학부	건축과
	한경대학교	건축학부	
	한양대학교(ERICA)	건축학부	건축학 전공
			건축공학 전공
	협성대학교	건축공학과	
대구광역시	계명대학교	건축토목공학부	건축학 전공
			건축공학 전공
	경북대학교	건축학부	건축학 전공
			건축공학 전공
울산광역시	울산대학교	건축학부	
대전광역시	대전대학교	건축학과	
		건축공학과	
	목원대학교	건축학부	건축학 전공
			건축공학 전공
	배재대학교	건축학부	
	우송대학교	건축공학과	
		건축디자인학과	
	충남대학교	건축학과	
		건축공학과	
	한남대학교	건축학부	건축학 전공
			건축공학 전공
	한밭대학교	건축학과	
		건축공학과	

지역	학교명	학과명	전공
광주광역시	광주대학교	건축공학과	
	송원대학교	건축공학과	
	전남대학교	건축학부	건축도시설계 전공
			건축공학 전공
	조선대학교	건축학부	건축학 전공
			건축공학 전공
	호남대학교	건축학과	
부산광역시	경성대학교	건축디자인학부	
	동명대학교	건축학과	
		건축공학과	
	동서대학교	건축토목공학부	건축학 전공
			건축공학 전공
	동아대학교	건축공학과	
		건축학과	
	동의대학교	건설융합학부	건축학과
			건축공학과
	부경대학교	건축공학과	
	부산대학교	건축학과	
		건축공학과	
	신라대학교	건축학과	
강원도	가톨릭관동대	건축학과	
		건축공학과	
	강원대학교	건축학과	
		건축공학과	
	한라대학교	건축학부	
충청도	공주대학교	건축학부	
	남서울대학교	건축학과	
		건축공학과	
	서원대학교	건축학과	
	선문대학교	건축학부	
	세명대학교	건축학과	
	순천향대학교	건축학과	
	영동대학교	건축공학과	
	유원대학교	건축공학과	
	중부대학교	건축학과	
		건축디자인학과	
	청주대학교	건축공학과	
		건축학과	

지역	학교명	학과명	전공
	충북대학교	건축학과	
		건축공학과	
	한국교통대학교	건축학과	
		건축공학과	
	한국기술교육대학교	건축공학과	
	한서대학교	환경·토목·건축학과	
	호서대학교	건축학과	
		건축공학과	
경상도	경남대학교	건축학부	건축학 전공
			건축공학 전공
	경상국립대학교	건축학과	
		건축공학부	건축시스템공학 전공
			건축공학 전공
		건축공학과	건축공학 전공
	경일대학교	건축디자인과	
	금오공과대학교	건축학부	
	대구가톨릭대학교	건축학부	
	대구대학교	건축공학과	
	안동대학교	건축공학과	
	영남대학교	건축학부	건축학 전공
			건축공학 전공
	영산대학교	건축공학과	
	인제대학교	건축학과	
	창원대학교	건축학부	건축학 전공
			건축공학 전공
	한동대학교	공간환경시스템공학부	
전라도	군산대학교	건축공학부	
	동신대학교	건축공학과	
	목포대학교	건축학과	
		건축공학과	
	순천대학교	건축학부	
		건축인테리어디자인학과	
	원광대학교	건축학과	
		건축공학과	
	전북대학교	건축공학과	
	전주대학교	건축공학과	
		건축학과	건축학과
	초당대학교	창업융합학부	건축학과
	호원대학교	건축학부	건축학과
제주도	제주국제대학교	공학부	건축학 전공
	제주대학교	건축학부	건축공학 전공

*이 외에도 다양한 대학에서 관련 학과 및 전공을 공부할 수 있으니, 대학별 홈페이지를 통해 보다 자세한 확인을 부탁드립니다.

3. 조경 관련 교과과정

조경학 관련 전공특성

조경학은 자연과학, 인문사회과학, 공학, 예술 분야 등 다양한 분야가 융합된 분야로 도시설계와 매우 밀접한 관계를 맺고 있습니다. 특히 정원이나 수목원 조성, 도시공원이나 생태공원 조성 외에도 주거단지나 관광단지 조성, 도시공공디자인 등 도시의 다양한 부분에서 활용될 수 있는 전공입니다.

대학 주요 교과목

조경/경관 관련 과목	심화/융합 관련 과목
조경계획 조경설계 조경수목학 조경시공 경관의 역사 경관의 해석 경관 사상론 경관평가이론 연구 가상경관 설계기법 계획 모형 연구 광역조경계획 단지설계	고급도시환경 분석과 데이터 시각화 고급도시계량분석 공간계획 질적 연구방법론 공간환경학개론 공간융복합 연구방법 공간의 문화사회학 공공민간협동개발 국토지역계획론 그린인프라스트럭처 경제성 평가 글로벌 도시계획론 기반시설 계획론 기후위기와 탄소중립정책

Modern landscape architecture

관련 자격

도시계획기사, 도시계획기술사, 자연생태복원기사, 자연생태복원기술사, 조경기사, 조경기술사

세부관련학과

녹지조경학과, 도시환경예술디자인전공, 산림과학.조경학부 조경학전공, 산림자원·조경학부(조경학전공), 산림조경학과, 산림조경학부 환경조경학전공, 산림조경학전공, 생태조경디자인학과, 생태조경학전공, 융합전공학부 조경학-경영학 전공, 융합전공학부 조경학-환경생태도시학전공, 전통조경학과, 정원문화산업학과, 조경·정원디자인학부, 조경도시학과, 조경산림학과, 조경학과, 조경학전공, 환경원예조경학부 녹지조경학전공, 환경조경학과, 환경조경학전공 등

※ 대학교 별 특성에 따라 세부관련 학과 명과 대학의 주요 교과목 명은 다소 차이가 있을 수 있습니다. 또한 최근 융합전공이 확대됨에 따라 보다 다양한 전공과 학부 등에서 관련 분야를 습득할 수 있습니다. 더불어, 일반대학(전공) 외에도 석사과정 또는 박사과정 등 대학원 과정에서 환경계획학과(도시 및 지역계획전공, 도시사회 혁신전공 등), 협동과정 조경학 등의 특화분야로 보다 구체적이고 연계성 있는 전문성을 키울 수 있습니다.

대학별 조경 관련 전공

*자료 : 커리어넷, 2023년 10월 기준, 재작성

지역	학교명	학과명	전공
서울특별시	건국대학교	산림조경학과	
	동국대학교	조경·정원디자인학부	
	서울대학교	조경·지역시스템공학부	조경학 전공
	서울시립대학교	융합전공학부	조경학-경영학 전공
			조경학-환경생태도시학전공
		조경학과	
	서울여자대학교	연계융합전공	도시환경예술디자인전공
경기도	가천대학교	도시계획·조경학부	조경학전공
	성균관대학교	건설환경공학부	조경학전공
	한경국립대학교	식물자원조경학부	조경학 전공
대구광역시	경북대학교	산림과학·조경학부	조경학전공
	계명대학교	생태조경학과	
대전광역시	배재대학교	조경학과	
광주광역시	전남대학교	조경학과	
	호남대학교	조경학과	
부산광역시	동아대학교	조경학과	
강원도	강릉원주대학교	환경조경학과	
	강원대학교	생태조경디자인학과	
	상지대학교	조경산림학과	
		환경조경학과	
충청도	공주대학교	조경학과	
	단국대학교	환경원예조경학부	녹지조경학전공
	상명대학교	환경조경학과	
	중부대학교	건축토목공학부	환경조경학 전공
	청주대학교	조경도시학과	
		환경조경학과	
	한국전통문화대학교	전통조경학과	
경상도	경상국립대학교	조경학과	
	대구가톨릭대학교	조경학과	
	대구대학교	조경·정원 디자인학과	
	대구한의대학교	산림비즈니스학과	
	부산대학교	조경학과	
	영남대학교	조경학과	
전라도	동신대학교	산림조경학과	
	목포대학교	조경학과	
	순천대학교	산림자원·조경학부	조경학 전공
		정원문화산업학과	
	우석대학교	조경학과	
	원광대학교	산림조경학과	
	전북대학교	생태조경디자인학과	
		조경학과	

지역	학교명	대학원명	전공
서울특별시	건국대학교	공학계열 대학원	녹색기술융합학과
	서울대학교	환경대학원	환경조경학 전공, 도시환경설계 전공
	서울시립대	도시과학대학원	조경학 전공
	홍익대학교	건축도시 대학원	조경설계 전공

*이 외에도 다양한 대학에서 관련 학과 및 전공을 공부할 수 있으니, 대학별 홈페이지를 통해 보다 자세한 확인을 부탁드립니다.

대학별
도시 관련학과
탐구하기!

* 지면상 도시관련학과 일부만을 소개하는 점 양해부탁드립니다.
  본 챕터에 소개되는 대학(학과/전공) 외에도 다양한 대학에서 진로탐색이 가능합니다!

UNIVERSITY

서울특별시

고려대학교

단과 공과대학

학과명 건축학과(도시계획 및 도시설계 전공)

학과소개

고려대학교 건축학과는 '건축계획학 전공'과 '도시계획 및 도시설계 전공'으로 이루어진 학부와 대학원 과정을 운영한다. 1963년 12월 설립되어 2003년 5년제 건축학사 프로그램을 도입하였다. "21세기 시대적 요구에 능동적으로 대처하여 건축문화 창달을 선도하는 유능한 건축인 양성"이라는 통합적 비전을 바탕으로 "건축의 기본 소양에 충실한 건축인", "전문적 문제해결 능력을 지닌 건축인", "한국적 가치를 재창조하는 창의적 건축인", "국제적 경쟁력을 갖춘 건축인"이라는 네 가지 구체적인 건축인상(建築人像)을 실천적 교육목표로 설정하고 우수한 인재들을 길러내고 있다.

 두 세부전공 중 도시계획 및 도시설계 전공은 4차 산업혁명과 함께 건축과 도시계획의 접점으로서 강조되는 도시설계의 역할에 주목하고, 지속가능한 사회 조성에 기여할 수 있는 도시계획, 도시설계 분야의 글로벌 전문가 양성을 목표로 한다. 전 세계적으로 기후변화, 재난재해 및 도시화 등의 문제가 시급해지는 만큼 다양한 분야의 이해를 바탕으로 실천적 해결방안을 제시할 수 있는 미래형 인재의 중요성이 점차 강조되고 있다. 이에 본 전공은 도시, 건축, 사회, 경제, 교통, 행정 등 전통적인 도시계획, 도시설계 분야 뿐만 아니라 스마트도시, 탄소중립도시, 컴팩트도시, 건강도시, 도시재생 등 새로운 도시 모델의 패러다임을 제시하기 위한 교육 체계를 구축하였으며, 단순한 학습을 넘어 실제 도시 공간에 구현하기 위한 학생들의 실증적 연구와 프로젝트 참여를 지원하고 있다.

미국 컬럼비아대, M.I.T대, 이탈리아 밀라노 공대, 일본 와세다대, 호주 시드니대, 대만 정치대 등 국제 대학과의 지속적인 학문 교류 및 전공 연계를 통해, 국제화(Globalization) 시대가 필요로 하는 글로벌 전문가 육성을 실현하고 있으며, 고려대학교 내 관련 학과들과 대학원 심화과정을 공동 운영함으로써 맞춤형 융복합 연구 네트워크 또한 구축해 나가고 있다. 대표적인 공동운영 학과로는 △건축·교통공학 및 GIS, 기후 및 에너지 공학 등 도시 문명사회의 필수적인 기반시설 관련 학문을 교육하는 '건설사회환경공학부', △도시의 지속가능한 발전을 위한 도시재생 양성 커리큘럼인 '도시재생' 전공과 건축·도시·에너지·안전·거버넌스 분야의 계획 및 설계 등 스마트시티를 구성하는 융·복합 분야에 대한 종합적 이해·적용 능력을 향상하는 '스마트도시' 전공의 2-Track으로 운영되는 '도시재생협동과정', △신기후체제 도래와 함께 강조된 에너지 및 환경 분야 문제해결형 융합 인재를 육성하는 '그린스쿨' 등이 있다.

https://kuul.korea.ac.kr

단 과 공과대학

학과명 스마트도시학부

학과소개

스마트시티는 4차 산업혁명을 기반으로 사물인터넷(IoT), 인공지능(AI) 등 다양한 정보통신기술과 시민과 민간주도의 자생적 기술생태계 구축을 기반으로 도시의 기술력과 성능을 개선해 도시의 기능을 제고하고 지속가능한 도시환경을 조성하는 실천적 학문이다. 스마트도시학과는 학부 학생들을 중심으로 학생들로 하여금 스마트시티에 대한 전반적인 이해를 돕고 다양한 유관기술 분야에 대한 종합적 적용능력을 향상한다. 더 나아가 IoT, AI 등 최신 정보통신기술에 대한 교육을 통해 궁극적으로는 스마트시티 영역에 적극적·능동적으로 참여하며 기여하는 인성과 재량을 함양한 실무중심형 전문가를 길러내는 것을 목표로 한다.

sejong.korea.ac.kr/mbshome/mbs/smartcity

서울특별시

광운대학교

대학원 스마트융합대학원

학과명 도시계획부동산학과

학과소개

도시계획부동산학과는 광운대학교의 ICT 전자정보통신과학기술과 도시공학, 도시계획이 융합하는 스마트도시의 조성, 관리 운영을 통한 미래가치 창출과 도시쇠퇴 및 노후화에 따라 새로운 성장동력으로 부상하고 있는 도시재생분야의 융합형 미래 도시부동산 전문가 양성을 목표로 하고 있다. 도시계획부동산학과는 기존 도시자산의 효율적 관리를 다루며, 도시 인구 증감에 탄력적 대응을 위해 도시부동산 인프라에 정보통신기술(ICT)을 융합하는데 있으며, 이를 위해 사물인터넷(IoT: Internet of Things), 인공지능(AI), 빅데이터 솔루션, ITS 등 최신 정보통신기술에 기반하여 경제적 효율과 환경적 지속가능성, 편리하고 안전한 삶을 제공하는 데 초점을 맞추고 있다. 세부전공으로는 도시계획부동산전공, 부동산자산관리전공, 스마트도시부동산전공으로 구성되어 있다.

https://compro.kw.ac.kr/major/city.php

국민대학교

단 과 창의공과대학

학과명 건설시스템공학부

학과소개

자연과 건설은 지구환경 안에서 조화를 이루어야 하는 관계라 할 수 있다. 즉, 건설은 환경영향, 재해영향, 인구집중영향, 그리고 교통영향을 고려하여 유기적으로 계획, 건설, 유지, 그리고 관리되어야 한다. 건설시스템공학이란 공공복리에 바탕을 두어 자연을 친환경적으로 개발하여 인간의 사회활동에 필요한 요구를 해결하는 학문으로서 우리의 생활 환경 전체가 그 대상이 된다. 고속전철, 도로, 교량, 터널, 지하철, 항만, 공항, 다목적 댐 등 국가발전을 위한 사회간접시설의 계획, 설계, 건설, 유지, 관리, 도시 교통문제 해결을 위한 교통시설 체계 분석, 그리고 환경오염 및 수질오염 해결 등이 본 학부의 교육 및 연구의 대상이다.

https://cee.kookmin.ac.kr/site/subject/greeting.htm

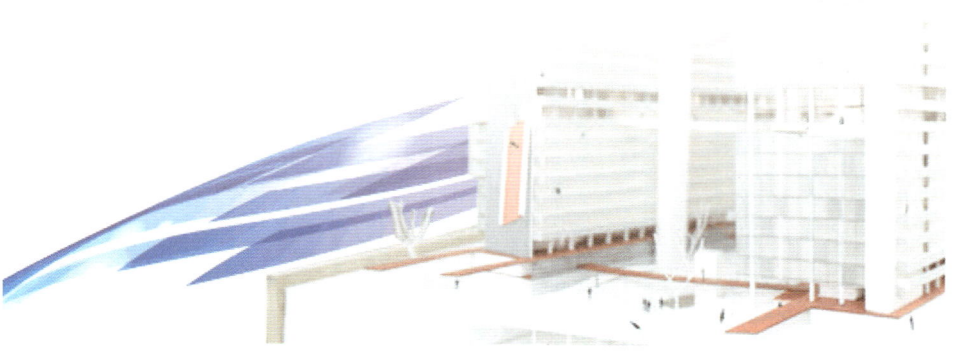

서울특별시

동국대학교

단과 공과대학

학과명 건설환경공학과

학과소개

건설환경공학(Civil and Environmental Engineering, CEE)은 인류의 기본적 생활과 경제적, 사회적 활동을 위하여 필요한 사회기반 시설들을 설계, 건설 및 유지관리하기 위한 기술분야이다. 토목공학분야에서 전통적으로 다루어 왔던 교량, 댐, 도로 등의 사회기반시설 뿐만 아니라 현재는 IT(정보통신), BT(생명기술), NT(나노기술)등의 신기술과 접목되어, 유비쿼터스 녹색 도시설계, 건설 신소재 및 자동화기술, 신재생에너지, 지능형 재해 방재시설 등 다양하고 새로운 융합분야로 그 영역이 점차 확대되고 있다. 건설환경공학 분야에서 주로 다루는 사회기반시설은 ①교량, 터널, 도로, 철도, 공항, 항만 등의 교통 시설 ②신도시단지, 지하공간과 같은 도시공간시설 ③광통신 공동구, 전기 송배전시설, 가스파이프라인 등과 같은 물류 및 통신시설 ④원자력발전소, 수화력발전소, 석유비축기지 등의 에너지시설 ⑤댐, 상수도 등의 수자원시설 ⑥하수처리장, 생활 및 산업폐기물 처리시설 등의 환경시설 ⑦대형구조물의 내진시설, 방파재시설 등의 방재시설 등이 있으며 과학 및 문명의 발달에 따라 그 영역을 계속 넓혀가고 있다.

https://civil.dongguk.edu/main

상명대학교

단과	융합기술대학
학과명	그린스마트시티학과

학과소개

그린스마트시티학과는 인간과 환경의 상호작용, 공간적 특성을 이해하는 환경조경을 기반으로 환경정보학 측면의 스마트기술을 융합하여, 그린인프라와 그린복지 실현에 요구되는 심층적인 공간계획이론을 제공하고, 조사, 분석, 계획, 설계, 조성, 관리의 체계적인 공간환경 응용기술교육을 목표로 하고 있다. 인간과 자연이 함께 공존·공생하는 그린스마트시티 창출을 위해 자연·인문환경에 대한 이해를 기반으로 인공지능, 빅데이터, AR·VR, 드론, 3D 프린터, GIS 등과 같은 4차 산업혁명시대의 미래녹색기술교육 플랫폼을 제공하고, 그린스마트 단위기술, 그린인프라 구조 분석, 그린공간환경 계획 및 디자인, 그린스마트시티 조성 및 관리, 그린복지 구현 및 실천 역량 습득 등을 통해 전문성과 실용성을 겸비한 창의적 융합형 인재를 양성하고자 한다.

https://greensmartcity.smu.ac.kr/greensmartcity/index.do

서울특별시

서경대학교

단과	이공대학
학과명	도시공학과

학과소개

도시공학은 도시 및 지역에서 발생되는 주택, 교통, 환경 등 각종 도시문제를 조사 분석하여 보다 바람직한 도시를 계획하고 관리하기 위한 학문으로써, 도시계획 및 설계를 비롯하여, 인접분야인 환경, 건축, 토목, 조경 분야는 물론 도시문제와 관련이 깊은 사회, 경제, 지리 등에 관한 광범위한 지식이 요구되는 종합과학분야이다. 도시를 보는 지혜와, 남을 배려하는 인의 그리고 행동할 수 있는 용기를 갖춘 도시계획분야의 전문 인력을 양성함을 목표로 한다. 이를 위하여 종합적인 이론 교육과 함께 실습·견학 등을 통하여 도시공학 관련 신기술, 첨단기술을 습득하고, 21세기에 요구되는 환경 친화적이고 지속가능성에 있어 공간을 공유하는 모두를 배려하고 고려할 수 있도록 상호관계를 중시하는 다양한 경험을 가지도록 하고, 미래의 도시건설에 실질적인 역할을 할 수 있는 행동하는 인재를 양성하고자 한다.

https://ur.skuniv.ac.kr/

서울과학기술대학교

단 과	공과대학
학과명	건설시스템공학과

학과소개

국내 건설산업의 변화는 저탄소 녹색성장을 기본으로 한 새로운 국면을 맞이하고 있다. 과거의 건설 중심에서 벗어나 쾌적하고 인간이 살기 좋은 환경 건설하기 위한 친환경 저탄소 정책에 맞추어건설 정책을 펼치고 있는 실정이다. 그리고 기존 시설물에 대한 유지 관리가 점차적으로 우리에게 크게 다가오고 있으며 대형 건설업체와 설계, 용역 및 감리 업체는 글로벌 시대에 맞추어 국내시장에서 벗어나 세계시장 진출에 경주하고 있다. 현 시점에서의 세계시장 진출은 1980년 초 중동지역에 진출할 당시의 노동 집약적 건설사업에서 고부가가치 건설 산업으로 변화를 이루어 역대 최대 해외 건설 수주액을 갱신하고 있다. 이러한 국·내외 변화를 수용한 새로운 건설 산업 분야의 특성화는 국내·외 건설시장의 변화에 따른 글로벌 인제 양성, 저탄소 크린 사회환경 구축, 건설 분야에서 요구하고 있는 건설산업 사회요구 인재 양성에 적합한 교육을 실시함으로써 건설 업체와 건설시스템공학과의 교육을 연계하여 지역사회 기술 발전에 기여하고자 한다.

https://civil.seoultech.ac.kr/

서울특별시

서울대학교

단 과	공과대학
학과명	건설환경공학부(도시설계 및 계획전공)

학과소개

서울대학교 건설환경공학부는 경성공업전문학교 토목과(1916년 설립)와 경성제국대학 토목공학과(1941년 설립)를 통합하여 설립된 역사와 전통이 깊은 학부이다. 현재 건설관리, 공간정보, 교통공학, 구조공학, 도시계획 및 설계, 수공학, 지반공학, 환경공학 8개의 분야에서 세계 최고 수준의 교육으로 우수한 졸업생들을 배출하고 있으며, 그동안 우리가 배출한 동문은 사회적 소명의식을 가지고 우리나라 사회기반 인프라 구축 및 선진화를 이끌어 왔다. 전 세계적으로 기후변화, 재난재해, 생태계 및 환경 파괴 등 범지구적인 문제들을 겪고 있지만, 동시에 인공지능(AI), 빅 데이터, IoT 등의 첨단 융합기술을 이용한 혁신적인 발전을 맞이하고 있다. 이와 같은 도전과 변화 속에서 우리 건설환경공학부는 기존 영역을 뛰어넘어 스마트 도시(smart city), 회복탄력적 인프라(resilient infrastructure), 지속가능한 환경(sustainable environment) 등의 분야를 선도하여 개척하면서 더 나은 미래 사회 창조를 위한 교육과 연구 기틀을 마련하였으며, 이를 바탕으로 더 높은 수준의 학문적 발전과 사회적 기여를 하고자 한다.

https://cee.snu.ac.kr/sub4_5.php

단 과	농업생명과학대학
학과명	조경학과

학과소개

도시공학은 도시 및 지역에서 발생되는 주택, 교통, 환경 등 각종 도시문제를 조사 분석하여 보다 바람직한 도시를 계획하고 관리하기 위한 학문으로써, 도시계획 및 설계를 비롯하여, 인접분야인 환경, 건축, 토목, 조경 분야는 물론 도시문제와 관련이 깊은 사회, 경제, 지리 등에 관한 광범위한 지식이 요구되는 종합과학분야이다. 도시를 보는 지혜와, 남을 배려하는 인의 그리고 행동할 수 있는 용기를 갖춘 도시계획분야의 전문 인력을 양성함을 목표로 한다. 이를 위하여 종합적인 이론 교육과 함께 실습·견학 등을 통하여 도시공학 관련 신기술, 첨단기술을 습득하고, 21세기에 요구되는 환경 친화적이고 지속가능성에 있어 공간을 공유하는 모두를 배려하고 고려할 수 있도록 상호관계를 중시하는 다양한 경험을 가지도록 하고, 미래의 도시건설에 실질적인 역할을 할 수 있는 행동하는 인재를 양성하고자 한다.

http://snula.snu.ac.kr/

서울특별시

서울시립대학교

단 과	도시과학대학
학과명	도시공학과

학과소개

서울시립대학교 도시공학과는 '도시과학대학'이라는 특성화된 단과대에 속한 학과로써 도시의 경제, 사회, 역사, 지리, 철학, 행정, 건축 및 조경 등 기타 다양한 학문 분야와 연계하고 도시의 다양한 부분에 대하여 공부하는 학과이다. 도시공학과에서는 이론교육을 바탕으로 현장성과 실천성을 높일 수 있는 계획 및 설계 교육을 하며, 현대 도시의 다양한 문제, 즉 국토 및 도시개발 문제, 주택문제, 토지이용 문제, 교통문제, 환경문제, 부동산문제 등을 해결하기 위한 학문과 기술, 방법을 익히고 종합 응용하여, 도시민의 삶의 질 향상과 지속 가능한 도시개발에 기여할 수 있는 전문가(계획가)를 양성하는 데 목적을 두고 있다.

https://www.uos.ac.kr/urbansciences/urban/introduct.do?epTicket=LOG

단 과	공과대학
학과명	조경학과

학과소개

국내 건설산업의 변화는 저탄소 녹색성장을 기본으로 한 새로운 국면을 맞이하고 있다. 과거의 건설 중심에서 벗어나 쾌적하고 인간이 살기 좋은 환경 건설하기 위한 친환경 저탄소 정책에 맞추어건설 정책을 펼치고 있는 실정이다. 그리고 기존 시설물에 대한 유지 관리가 점차적으로 우리에게 크게 다가오고 있으며 대형 건설업체와 설계, 용역 및 감리 업체는 글로벌 시대에 맞추어 국내시장에서 벗어나 세계시장 진출에 경주하고 있다. 현 시점에서의 세계시장 진출은 1980년 초 중동지역에 진출할 당시의 노동 집약적 건설사업에서 고부가가치 건설 산업으로 변화를 이루어 역대 최대 해외 건설 수주액을 갱신하고 있다. 이러한 국·내외 변화를 수용한 새로운 건설산업 분야의 특성화는 국내·외 건설시장의 변화에 따른 글로벌 인제 양성, 저탄소 크린 사회환경 구축, 건설 분야에서 요구하고 있는 건설산업 사회요구 인재 양성에 적합한 교육을 실시함으로써 건설 업체와 건설시스템공학과의 교육을 연계하여 지역사회 기술 발전에 기여하고자 한다.

https://lauos.or.kr/

서울특별시

세종대학교

단 과 공과대학

학과명 건설환경공학과

학과소개

건설환경공학은 수학, 물리학 및 화학등과 같은 기초과학을 바탕으로 구조공학, 수공학, 지반공학 및 환경공학 분야에서 이론과 실습교육을 통하여 미래의 문명과 국가의 발전에 보탬이 되는 창조적이고 능동적인 전문인력을 양성하는 것을 목적으로 한다.

구조공학에서는 교량을 비롯한 각종 구조물의 해석과 설계, 강재 및 콘크리트의 성능개선, 새로운 구조재료개발과 지진에 대한 구조물의 안정성 평가 및 설계 등을 다루고, 수공학에서는 유체역학, 수리학, 수문학 및 해안공학 이론에 근거한 수리모형실험과 수치모형실험을 이용해 다양한 수공구조물에 대한 설계에 대한 설계 및 해석과 수자원에 대한 양적 및 질적 측면의 공급과 관리 등을 연구한다.

또, 지반공학에서는 구조물의 기초지반인 흙과 암반의 특성을 연구, 조사하고 도로, 흙 및 암반의 거동을 공학적으로 예측, 분석하여 도로 및 토목구조물의 안정성과 지반 개량에 관한 기술개발 등에 관하여 연구하며, 환경공학에서는 수자원과 대기의 오염방지 및 효율적 관리, 생활 및 산업폐기물 등의 처리와 관리, 토양오염의 저감방안에 대하여 연구한다.

http://home.sejong.ac.kr/~builddpt/

연세대학교

단 과　공과대학

학과명　도시공학과

학과소개

현대 도시는 인구증가에 의한 도시의 확산과 사회구조의 다양화, 전문화 및 생활양식의 다양화로 인하여 주택부족, 토지개발과 보전간의 갈등 등 제반 문제점을 안고 있다. 이러한 도시문제의 완화 및 해결방법을 모색하기 위하여 현재 도시공학 분야는 기초적인 공학적 측면은 물론 정치, 경제, 사회, 문화, 예술 등의 인문 사회 과학적인 측면의 종합적이고 체계적인 학문과의 긴밀한 관계를 요구하고 있다. 본 도시공학전공은 당면한 도시공간문제의 해결방안을 모색하고 도시적 삶의 질적 향상에 기여할 수 있는 계획 수립에 필요한 기초지식을 이수하고 이를 종합 응용할 수 있는 전문가를 양성한다. 전문계획가로서의 기본적인 자질을 함양하기 위하여 공학뿐만 아니라 관련된 학문인 경제, 정책, 사회학 등 이론교육을 바탕으로 실제 상황을 대상으로 현장성과 실천성을 높일 수 있는 계획 및 설계교육을 실시하고 있다. 또한 21세기에 인간중심의 계획, 개발과 보존, 개발과 환경, 세계화 등 패러다임의 변화에 대비하고 있다.

https://urban.yonsei.ac.kr/urban/index.do

서울특별시

단 과	공과대학
학과명	사회환경시스템공학부 건설환경공학과

학과소개

연세대학교 사회환경시스템공학부 건설환경공학과는 인간 삶의 질을 향상시키기 위한 인프라기술, 미래 에너지기술, 지속가능한 수자원 및 환경공학기술, 첨단 정보경영 및 자동화 기술을 토대로, 4차 산업혁명시대를 주도할 통섭과 융합의 기술이 어우러진 사회환경시스템 구축 그리고 자연환경 조성을 목표로 하고 있다. 이를 위해서 전문지식과 국제적 감각을 겸비한 글로벌 인재, 지성과 감성을 함께 갖춘 통섭형 엔지니어, 안전하고 경제적이며 환경 친화적 기술능력을 갖춘 능동형 엔지니어, 지속 가능한 개발과 보존을 위한 융합형 인재, 국제적 수준의 연구능력 및 리더십을 갖춘 창조형 인재, 미래환경 변화에 능동적으로 대처할 수 있는 적응형 인재를 양성하고자 한다.

https://civil.yonsei.ac.kr/civil/index.do

중앙대학교

단과	사회과학대학
학과명	도시계획·부동산학과

학과소개

도시계획·부동산학과는 도시계획학과 부동산학을 병행하는 커리큘럼 속에서 실무역량을 갖춘 전문가 양성을 목표로 하고 있다. 주택, 교통, 환경, 토지이용 문제 등의 제반문제를 해결하기 위한 관련 이론 및 이론의 현실적 응용에 관한 내용들을 학습함으로써 도시계획분야의 전문가를 양성하고, 선진적인 시장으로 급변하는 부동산 시장에서 부동산의 개발, 금융과 투자, 관리에 대한 체계적인 이론과 실무를 통해 부동산 분야의 전문적인 능력과 소양을 갖춘 인력양성을 목표로 하고 있다. 본 학과에서는 지식기반사회에서 매우 유망한 분야로 손꼽히는 부동산 개발, 금융과 투자, 관리, 마케팅, 컨설팅 분야에서 학생들이 탁월한 능력을 발휘할 수 있도록 부동산자산관리 연계전공을 운영하고 있다. 연계전공은 도시계획을 비롯하여 법학, 경제학, 행정학, 경영학, 회계학, 주거학, 도시공학 가운데 부동산 자산관리에 필요한 교과목으로 구성된 과정으로서, 실제 부동산 실무능력을 함양하고 다양한 자격증을 취득하는 데에 필수적인 과정이라고 할 수 있다.

http://planning.cau.ac.kr/

전문가가 소개하는 도시분야 진로탐색

서울특별시

단 과	공과대학
학과명	사회기반시스템공학부(도시시스템공학전공)

학과소개

오늘날 환경위기와 기후변화에 따른 인류의 생존이 심각하게 위협받고 있음에 따라 지속가능한 인간 정주와 사회기반을 조성하고 관리하고 재생하는 지혜가 무엇보다도 요구되고 있다. 이같은 요구에 따라 우리 사회의 기반이 될 수 있는 국토 및 도시지역의 경쟁력 확충과 주민의 삶의 질 증진에 필수적인 기반시설의 최적 공급과 살고 싶은 도시환경의 조성을 위한 구체적인 실천을 다루는 학문적 단위가 사회기반시스템공학부이다. 우리 학문단위에서는 인류 생존의 기반인 지구환경의 특성을 다루는 지반, 수자원, 환경, 해양 분야부터 인공구조물의 조성과 구조에 대한 심층 탐구를 비롯하여, 인류의 삶터인 도시의 공간구조에 따른 최적 토지이용 및 교통시스템에서부터 지속가능한 스마트시티를 위한 도시의 설계·계획·개발·재생은 물론 도시경관과 디자인 등에 대한 범용지식과 심층지식을 동시에 다루고 있다. 이를 위해 사회기반시스템공학부는 지속가능한 인간 정주와 사회기반을 계획·조성·관리·재생하기 위한 구체적인 학문적 지식과 실천적 실무를 다루는 건설환경플랜트공학 전공과 도시시스템공학 전공으로 융합되어 있는 학부이다.

https://infra.cau.ac.kr/main/

한양대학교

단 과	공과대학
학과명	도시공학과

학과소개

도시공학은 건축, 토목, 조경, 경제, 지리, 사회 등 여러 분과학문이 결합된 학제적 분야로서 도시공학 분야의 지식은 여러 학문분야의 이론을 아우르는 성격을 갖는다. 실무 현장에서 도시공학 전문가는 도시의 계획과 개발, 관리에 있어서 토목, 건축, 조경은 물론 법, 행정, 경제, 사회, 정치 등 다양한 관련 분야의 전문가들과 공동으로 작업을 수행한다. 도시공학 전문가는 도시공학 분야의 전문성을 발휘하는 것 외에 이들 관련 분야 전문가들과 소통하고(communicate), 의견을 조율(coordinate)함으로써 최적의 대안을 도출해내는 역할을 담당한다. 이러한 역할을 담당하기 위해서 해당 관련분야의 지식을 숙지하는 것은 도시공학 전문가로서의 필수조건이라 할 수 있다. 따라서 본 프로그램은 학생들에게 토목, 건축, 조경, 경제, 지리 등 관련 분야의 이론을 충분히 습득하고 이를 현실에 적용할 수 있는 기회를 제공한다.

http://hyurban.hanyang.ac.kr/

서울특별시

홍익대학교

단 과	건축도시대학
학과명	도시공학과

학과소개

홍익대학교 도시공학과는 도시를 이해하고 계획이념과 설계기법을 터득하여 도시에서 발생되는 여러 가지 문제를 해결하고자 하는 취지에서 설립되었다. 계획가로서의 자질 함양을 위해 국토 및 지역계획, 신도시계획, 단지계획, 교통계획 및 공학, 도시설계, 주택계획, 도시재생, 계량모형분석, 조경설계 등의 분야를 다루는 과목을 개설하여, 각 학년마다 도시계획에 관한 실무적인 경험을 축적하고 있다. 학과내 PC실습실, 도시계획실험실, 교통계획실험실 등의 실험실에는 Computer 및 도시정보 SW, CAD System, Graphic System, GIS(Geographic Information System)등 각종 기자재를 구비하여 선진기술을 도시계획 분야에 응용할 수 있는 기초를 갖추고 있다. 도시공학과의 졸업생들은 도시계획 분야와 교통 분야에서 활동할 수 있다. 도시문제, 주택문제, 교통문제를 주로 다루는 공공 및 민간 부문으로 진출하는 등 다방면에서 그 역할을 다하고 있다. 한국토지주택공사, 서울주택도시공사 등의 공기업과 서울연구원, 서울기술연구원, 한국교통연구원 등의 공공 연구기관을 비롯하여, 엔지니어링 회사, 건설회사, 부동산 회사, 공간정보 회사, 감정평가법인 등의 민간기업에 진출할 수 있다. 관련 전문 자격증으로는 도시계획기술사, 교통기술사, 감정평가사, 도로 및 공항기술사, 건축사, 조경기술사, 환경기술사 등이 있다.

http://urban.hongik.ac.kr/

인천광역시

안양대학교

단 과 창의융합대학

학과명 스마트시티공학과

학과소개

스마트시티공학과 '지능정보시대를 선도하는 스마트시티 전문가 양성'을 교육목표로 신설되었으며, ICT 혁신과 통합적 솔루션 기반 혁신공간 창출, 학제연계 및 융합기반 실무 중심의 문제해결형 교육, 지역연계 및 지역공헌형 교육에 역점을 두고 있다. 변화하는 미래사회의 요구에 적합한 교육과정 구성과 최적화된 교과과정 편성, 소통과 친화, 그리고 역량 강화 중심의 학과 운영을 통해 스마트시티 분야 전문인력으로 성장할 수 있도록 지도한다.

http://ayusmartcity.kr/bbs/content.php?co_id=university

인천광역시

인천대학교

단 과 도시과학대학

학과명 건설환경공학과

학과소개

도시는 사회/문화적인 요소인 시민(citizen)과 활동(activity), 물리적 요소인 토지(land) 및 시설(facility)로 구성되며, 이들은 밀접한 상호관계로 도시를 구성하며 하나의 체계(system)를 형성하며, 도시는 도약/정체/쇠퇴의 순환과정을 통하여 발전한다. 이러한 과정에서 다양한 도시문제(인구과밀, 교통정체, 도심공동화, 지역단절, 사회적 병리현상 등)를 수반하며, 이를 해결하기 위해서는 종합적인 접근방법이 요구된다.현대의 도시문제를 해결하기 위해서는 다양한 인문·사회과학의 폭넓은 배경지식을 기반으로한 공학적인 접근방법이 요구되는 실정이다. 또한 미래의 도시문제를 사전에 진단하고 예방하기 위해서는 장래의 도시패러다임 변화에 부합하는 21세기가 요구하는 미래지향적 도시로 발전시켜 나가야 한다. 이를 위해서는 21세기 정보혁명 사회의 집적된 지식과 기술의 융합과 산·학·연·관의 주체들에 의한 전통적인 도시가치위에 창조적인 새로운 도시가치와 이념이 결합된 새로운 도시발전 패러다임을 창출하고 구체화 하여야 한다. 인천대학교 도시공학과는 다양한 도시문제를 해결하고 인간중심적인 21세기 미래도시를 연구하는 분야로서 공학적인 접근방법(토지이용, 도시공간구조, 첨단교통, 도시생태, 친수하천, 녹색도시환경 등)과 인문·사회과학적인 접근방법(통계인구학, 활동메커니즘, 사회생태, 도시문화, 지리, 거버넌스 등)을 연계함으로써 도시를 종합적이고 체계적으로 연구하는 분야이다.

https://www.inu.ac.kr/inu/814/subview.do

단 과	도시과학대학
학과명	도시공학과

학과소개

인천대학교 도시공학과는 다양한 도시문제를 해결하고 미래(스마트)도시를 선도하는 창의인재의 교육 및 양성을 목표로 공간빅데이터 기반의 도시계획, 도시설계, 시설물의 유지 및 안전관리, 리질리언스 등 도시생애주기 전반의 직무를 공학적 접근(스마트기술기반 공간정보, 도시생태 및 친환경 도시공간 계획 및 설계, 첨단교통, 도시안전 및 유지관리 등)과 인문 사회적 접근(주거정책 및 도시경제, 도시문화, 인문지리, 탄소중립 등)을 연계, 융합교육과정을 편성하여 미래도시를 위한 통합 교육·연구 시스템을 개발 교육하고 있다.

당면한 도시문제를 진단하고 해결함에 있어 산·학·연·관을 연계하는 집적된 지식의 융합과정을 통한 학습시스템을 도입함으로써 이론과 실무에 능숙한 도시공학 인력을 배출하고 이와 더불어 미래도시의 패러다임을 달성하기 위하여 인공지능, 가상현실, IoT 등의 첨단기술을 기반으로한 스마트 도시계획, 스마트교통, 지속가능하고 시마트한 도시발전을 위한 미래지향적이고 창의적인 기술을 개발/축적/교육함으로써 오늘날 도시가 안고 있는 사회, 경제, 교통, 환경, 지속가능성 그리고 문제에 대응하기 위한 다학계적 교육을 제공한다.

https://www.inu.ac.kr/inu/816/subview.do

인천광역시

인하대학교

단 과	공과대학
학과명	사회인프라공학과

학과소개

사회인프라공학과는 시민을 위한 공학으로 정의할 수 있으며 고대, 현대는 물론 미래사회의 근간을 이룰 가장 중요한 학문의 한 분야라고 할 수 있다. 다시 말하면 인간생명의 유지를 바탕으로 시민생활의 편리성을 극대화하기 위해 존재하는 학문이라는 뜻이다. 사회인프라공학과는 도로, 항만, 공항, 철도, 교량, 터널, 상하수도, 댐 등 인간생활에 필수적인 기반시설을 모든 시민들에게 제공하여 이용하게 함으로써 인간의 생활을 편리하고 쾌적하며 안전하게 합니다. 인하대학교 사회인프라공학과는 건설 산업에 이바지할 유능한 사회인프라공학도 양성을 목적으로 사회인프라공학의 모든 전공분야에 대한 폭넓은 교과과정을 충실히 제공하고 있다. 이론 교육뿐만 아니라 실험 및 실습 교육을 강화함으로써 도로, 항만, 공항, 철도, 교량, 터널, 상하수도, 댐 등의 기반시설의 계획, 설계 및 시공을 담당하는 중추적인 기술자를 양성하고 있으며, 이와 관련하여 다양한 산학연 공동연구를 수행하고 있다. 또한 기업, 정부, 학교 및 연구소 등 사회 각 분야에서 중추적인 역할을 수행하고 있는 우수한 졸업생과 재학생 및 교수진이 삼위일체가 되어 국내외 토목산업에서 주도적 위치를 지켜오고 있다.

https://civil.inha.ac.kr/civil/index.do

청운대학교

단과 공과대학

학과명 토목환경공학과

학과소개

토목환경공학은 사회기반 인프라(infra-structure)인 교량건설, 터널건설, 다목적댐 건설, 상하수시스템 건설, 항만건설, 공항건설, 원자력발전소 건설, 대규모 방조제 건설, 철도-지하철 건설 등의 계획과 설계, 건설과 유지를 담당하고 있는 학문으로서, 자연과 문명의 조화라는 새로운 패러다임을 맞아 시대가 흐름에 따라 그 역할이 더욱 더 막중해지고 있는 학문분야이다.1997년에 시작한 토목환경공학과는 2005년에 시대적 조류에 따라 건설환경공학과로 변경하였고, 2007년에는 철도토목분야와 건설행정분야를 특성화하기 위하여 철도행정토목학과로 변경하였다. 2013년에는 인천캠퍼스에 새둥지를 틀게 됨에 따라 지역의 특성에 부합하고 학과의 전통성을 유지하기 위하여 2015년에 학과 명칭을 토목환경공학과로 다시 변경하였다.본 학과는 성실한 엔지니어로서 국내·외의 환경변화에 능동적으로 대처할 수 있는 전문건설인 양성이라는 목표를 가지고 각 세부전공 분야별 기초이론의 충실한 학습을 통한 응용능력 배양, 다양한 분야의 실험 및 실습을 통한 실무 적응능력의 배양, 자신의 적성을 토대로 전문분야의 지식과 실천능력을 배양하기 위하여 최선의 노력을 다하고 있다.

https://home.chungwoon.ac.kr/cwuce/index.do

경기도

가천대학교

단 과   공과대학

학과명   도시계획·조경학부 (도시계획학전공)

학과소개

1983년 개설된 도시계획학과는 가천대학교 공과대학에서 가장 오랜 역사를 가진 학과로서 항상 대학발전의 선두에 서 왔다. 도시계획학과의 세부분야로는 도시계획, 도시설계, 교통, 주택, 부동산개발 등이 있으며, 석사 및 박사과정의 대학원도 개설되어 있다. 도시계획학은 우리가 살고 있는 삶터를 만들고 가꾸는 사람과 사람들의 관계를 연구하고, 도시를 바람직한 방향으로 계획하고 관리하는 방법을 배운다. 따라서 도시계획학을 공부하기 위해서는 삶터를 설계하는 공학기술과 디자인 능력이 필요하고 사회학, 경제학, 역사학 등 사회과학 및 인문학적 소양을 필요로 한다.

https://www.gachon.ac.kr/sites/urban/index.do

강남대학교

단 과	공과대학

학과명 부동산건설학부 (스마트도시공학전공)

학과소개

부동산건설학부는 기존의 부동산학과, 도시공학과, 건축공학과의 학문분야를 융합한 국내 유일의 특성화 학부이다. 세 분야는 각각 고유의 학문영역으로 발전해 왔지만 상호 중첩되는 영역이 확대되면서 협력 내지는 융합의 필요성이 높아졌다. 이에 현대사회가 요구하는 전문성과 아울러 통섭적인 역량을 갖춘 부동산건설인을 양성한다. 강남대학교의 창학이념에 따라 관련분야의 지식의 융합능력, 국내의 도시발전을 이해하고 선도하는 역량, 그리고 도시계획 교육을 통해 사회 개선에 기여하는 전문인 양성을 'KNU 참인재상'으로 설정한다. 참인재상을 통해서 전문가 양성과 미래사회를 선도하는 혁신인재 발굴과 더불어 사회에 공헌하며, 건전하고 다양한 활동과 사회발전에 기여할 수 있는 전문인 양성을 목적으로 한다.

https://knureal.kangnam.ac.kr/

경기도

경기대학교

단 과	창의공과대학
학과명	스마트시티공학부(도시·교통공학전공)

학과소개

경제·사회구조의 급격한 변화는 다양한 도시 및 교통문제를 발생시키고 있다. 이러한 각종 문제를 해결하고 첨단 도시 및 교통시스템 등으로의 변화에 능동적으로 대처할 수 있는 도시공학 전문인과 교통기술 전문인에 대한 수요는 보다 증가하고 있다. 이와 같은 사회적 추세에 맞추어 1993년 교통공학과를 개설하였고 1997학년도부터 수강생의 다양한 학문적 욕구를 충족시키기 위해 학부제를 도입하여 도시·교통공학전공으로 명칭을 개정하고 영역별 선택교과목을 개편한 이후 지금에 이르렀다. 도시·교통공학전공에서는 인간적인 도시 및 교통 환경의 형성과 국토발전에 기여할 수 있는 전문 기술인을 양성한다는 취지하에 도시계획과 토지이용계획에 능통한 도시계획 및 도시개발 전문가, 교통관련 시설의 계획과 설계기술의 실용능력을 갖춘 기술인, 교통문제를 해결할 수 있는 교통계획 전문가, 교통운영 전문가, 교통행정 전문가를 양성하고 있다.

https://www.kyonggi.ac.kr/u_urban/index.do

경희대학교

단과	공과대학
학과명	사회기반시스템공학과

학과소개

사회기반시스템공학이란 국토를 개조하고 환경을 정비해서 자연 및 사회의 각종 재해와 공해로부터 인류를 보전하며, 자연계에 존재하는 자연 자원을 인간의 복지증진에 활용할 수 있도록 필요한 시설을 조사, 계획, 설계, 시공, 운용하는 공학이다. 사회기반시스템공학의 분야로는 흙의 공학적 특성을 연구하는 지반공학 분야와 교량 및 구조물을 다루는 구조공학분야, 수자원을 관리하고 유지하기 위한 수공학분야, 상수도, 하수도 및 유해물질 처리기술 등을 다루는 환경공학분야, 도로, 철도 등을 다루는 도로교통분야, 측량분야, 시공관리분야 등 넓고 다양하며 각 분야를 광범위하고 심도 있게 다루고 있다.

https://eng.khu.ac.kr/civileng

경기도

단국대학교

단 과	사회과학대학
학과명	도시계획·부동산학부(도시지역계획학)

학과소개

도시지역계획학 전공은 전세계적으로 급속히 진행되고 있는 산업화와 도시화 과정의 제반현상들, 즉 도시공간, 환경, 빈곤, 토지이용, 주택, 교통, 재정에 관한 문제들을 공공의 노력에 의해 보다 합리적으로 해결하는 데 필요한 이론적 토대와 실무적 지식을 제공하는 분야이다.

따라서 우리 전공에서는 도시화와 도시문제에 영향을 미치는 사회경제적 요인들의 인과관계에 관한 이론 교육을 토대로 하고 있으며, 또한 현장에서 요구되는 전문적 실무능력을 갖춘 도시계획가, 도시행정가, 지역분석가, 교통계획기사, 환경영향평가사, 주택관리사 등 전문인력 육성을 목표로 하고 있다.

도시지역계획학 전공은 1999년 도시 및 지역학부로 개편하였다가 현재는 사회과학부 소속으로 재편되었다. 교수진은 도시지역계획학을 전공하고 토지, 주택, 교통, 경제, 환경, 재정, 정치경제 등 해당분야에서 탁월한 이론과 실무를 전공한 박사학위 소지자로 구성되어 있다.

또한 전공과 관련하여 우리나라 도시와 지역의 현안문제를 연구하고 정책적 제안을 하기 위한 도시 및 지역연구소가 설립되어 운영 중이다.

https://cms.dankook.ac.kr/web/sosci/-16

대진대학교

단 과	공과대학
학과명	스마트건설·환경공학부(스마트시티전공)

학과소개

스마트시티 전공은 4차 산업혁명으로 변화될 미래도시를 이해하고, 현재의 도시 문제를 해결하며 스마트시티를 실현시키는 계획·설계·운영 능력을 갖춘 스마트시티 전문가 양성을 목적으로 한다. 전공에서는 4차 산업혁명 세부기술과 도시 계획·설계 기술과의 융합을 통해 도시자원을 효과적으로 활용하고, 혁신 도시서비스를 개발하고 운영할 수 있는 실천적 학문을 배우게 된다. 도시·교통·부동산 분야 기초지식을 바탕으로 IT·금융·행정·환경 등 다른 분야와의 융합된 도시서비스를 기획 및 개발하고, 이것을 입체적으로 활용하는 미래지향적 공간가치 창출 능력을 갖춘 인재 양성을 목표로 한다.

https://s-city.daejin.ac.kr/s-city/index.do

경기도

성균관대학교

단과	공과대학
학과명	건설환경공학부

학과소개

1969년에 설립되어 창학 50주년 역사의 「건축공학과」와 「토목공학과 (사회환경시스템공학과)」, 그리고 「조경학과」가 지속 가능한 스마트시티 건설을 위한 융합적 인재양성이라는 목표에 따라 2013년부터 통합·운영되고 있는 우리 학부는 오랜 전통만큼이나 우수한 융합적 인재를 배출해왔으며 이들은 건설산업 관련한 다양한 분야에서 중추적인 역할을 담당하고 있다. 우리 「건설환경공학부」 는 시대적 변화에 걸맞은 창의적이고 최첨단 지식을 갖춘 융합적 인재양성을 위해 부단히 노력하고 있으며, 2017년 현재까지 QS World University Ranking(세계 대학 랭킹)에서 51위에서 100위 사이 그룹에 포함되어 있고, 교육과 연구에서도 국내 최우수를 넘어 국제적으로 주목받는 교육프로그램으로 성장해가고 있다. 건설환경공학부의 대학원 과정에서는 건설환경시스템공학과뿐만 아니라 정부의 인력양성 지원사업인 BK21 글로벌스마트시티융합 전공(리질리언트 에코스마트시티 교육연구단), 미래도시융합공학과(스마트도시 관련 전문인력 양성)와 수자원전문대학원, 그리고 조경학 등 다양한 대학원 프로그램을 통해 다양한 교육 및 연구 프로그램을 운영하고 수많은 연구 프로젝트를 통해 대학원생들에게 산학협동 및 장학금 혜택을 주고 있다.

http://cal.skku.edu/

수원대학교

단과	공과대학
학과명	건축도시부동산학부(도시부동산학전공)

학과소개

도시부동산학 전공은 지속가능한 도시공간을 연출하는 도시계획가 및 고부가가치의 부동산산업을 주도하는 부동산전문가를 양성한다. 이를 위해 사람이 중심이 되는 건강하고 아름다운 도시 공간 창출 능력을 배양하며, 국제적인 경쟁력을 갖춘 도시계획 전문가의 자질을 갖춘다.

도시계획학

앞으로 도시환경에 대한 시민들의 요구가 높아지고, 새로운 성장동력 및 활력을 모색하기 위한 도시재생에 대한 수요가 폭증하고 있어 많은 전문 인력 양성이 요구되어지고 있다. 특히 도시환경의 질적 향상을 위한 다양한 분야의 기초지식과 이를 종합적으로 응용하는 창조적 역량을 지닌 전문 인력이 필요할 것으로 보인다. 또한, 우리의 도시계획 및 관리에 대한 경험과 기술적 완성도를 바탕으로 해외 많은 국가에 대한 도시건설 및 도시수출이 가시화됨에 따라 (LH 2017년 4월 인도에 스마트 도시수출 2호 MOU 체결 등) 글로벌 역량을 갖춘 전문 인력에 대한 수요도 증가할 것으로 예상된다.

부동산학

부동산 산업 역시 과거에는 개발이 주도하던 시장에서 관리, 금융, 투자 등 세분화되고 전문화된 부동산 산업이 다양하게 성장할 것으로 예상된다. 이러한 산업들은 과거의 산업들이 분절되고 단기적인 산업인데 비해 종합적이고 장기적인 산업으로 소통의 역량을 지닌 융.복합적인 부동산 전문가에 대한 수요가 증가할 것으로 예상된다. 특히, 과거 부동산 산업의 비중이 개발, 중개, 감정평가에 치우쳐 있었다면 미래에는 투자, 금융, 관리, 컨설팅 산업 등의 고부가가치 산업으로 재편될 것으로 예상된다.

https://www.suwon.ac.kr/index.html?menuno=1063

경기도

협성대학교

단 과	이공대학
학과명	도시공학과

학과소개

도시공학과의 교육 목적은 시민의 삶이 영위되는 정주공간을 시대적 요구에 맞추어 보다 쾌적하면서도 생산적으로 계획하고 운영할 수 있는 능력을 갖춘 전문가를 양성하는 데 있다. 우리가 살고 있는 도시를 사회경제적으로 활기가 넘치고, 환경적으로 건강하며, 문화적으로 다양성이 있는 장소로 만들기 위해 토지, 교통, 주택, 환경 등 관련 전문기술을 융합적으로 체득한 창조적 기술자를 육성하는 것이 교육의 당면 과제이다. 기초이론은 물론 도시설계, 단지계획, 환경설계, 컴퓨터설계 등에 관한 첨단 계획기법을 현장적용 위주로 실습하고 아울러 현업 인턴쉽을 통해 도시계획을 직접 수행할 수 있는 실무능력을 배양하는 것이 본 전공의 궁극적 지향점이다.

https://www.uhs.ac.kr/uhs/393/subview.do

대구광역시

계명대학교

단 과 공과대학

학과명 도시학부 (도시계획학전공)

학과소개

우리 도시계획학전공은 교육의 질적 향상과 사회에 봉사하는 전문인 양성을 위한 교육을 실천하기 위하여 학문의 영역을 과거의 영역에 얽매이지 않고, 미래의 요구에 부응할 수 있는 교육에 바탕을 두고 있다. 즉 '진리와 정의와 사랑의 나라를 위하여'라는 계명대학교의 교육이념에 걸맞게 전공영역 교육을 심화시켜 나가면서 참된 교육, 발전하는 교육, 봉사하는 교육을 교육의 이념으로 삼으며 다가올 시대의 창의적이고 바른 인재를 길러내기 위해 노력하고 있다.

https://newcms.kmu.ac.kr/kmuurban/index.do

울산광역시

울산대학교

단 과	공과대학
학과명	건설환경공학부 (건설환경공학전공)

학과소개

건설환경공학은 전통적인 토목공학과 환경공학이 결합된 학문이다. 토목공학은 인간의 생활과 인류의 복지증진을 위하여 주어진 지구환경을 효과적으로 개발하는 학문으로 인간의 생활과 산업활동에 필요한 사회기반시설물을 계획, 설계, 시공, 관리하고 자연재해로부터 인간 및 이들 시설물을 보호하는 것이 포함된다. 환경공학은 인간생활의 결과로 빚어지는 환경오염을 예방하고, 이를 정화, 관리하는 학문이다. 최근에는 다양한 개발사업이 환경보존이라는 명분 아래 유보되거나 심지어 첨예하게 대립되어 사회 구성원의 반목이 커지는 일들이 종종 발생하고 있다. 환경과의 조화를 유지하면서 지속 가능한 개발을 추구하는 것이 무엇보다 중요시 되고 있는 시기이다. 우리학부는 개발과 환경의 조화를 추구하기 위해 토목공학과 환경공학 전반에 대한 교과 과정을 함께 제공하여 현대 사회에서 요구하고 있는 건설환경인을 교육하고 있다.

https://ce.ulsan.ac.kr/ce

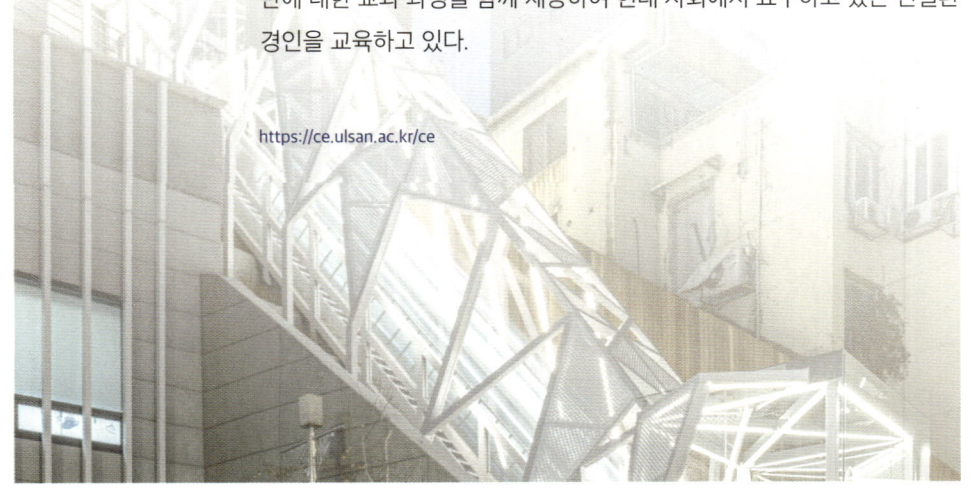

울산광역시

목원대학교

단과 공과대학

학과명 도시공학과

학과소개

"도시"는 시민의 사회, 경제, 정치 등 다양한 활동의 중심으로 시민의 기본적인 욕구충족과 삶의 질 향상을 위한 기능과 시설을 갖도록 해야한다. 도시공학이란, 현대도시가 가지고 있는 주택·교통·환경문제 등을 해결하여 시민들이 쾌적하고 편리하게 살아갈 수 있는 도시공간을 계획·설계하는 것이다. 종합적인 사고와 창조적인 도시계획 및 설계능력을 향상시킴으로써 미래지향적인 도시계획가를 양성하며, 현장 위주의 교육과 실무연계를 통해 전문기술인력을 양성한다.

https://www.mokwon.ac.kr/urban/

대전광역시

한남대학교

단 과   공과대학

학과명   토목환경공학전공

학과소개

토목환경공학은 도로, 교량, 철도, 터널, 공항, 항만, 수로 및 댐 등 사회기반시설의 설계, 건설, 유지관리뿐만 아니라 홍수, 가뭄, 산사태, 지진 등 재해로 인한 피해를 방지하고, 기후변화, 대기오염에 대비하여 환경개선에도 힘쓰는 학문이다. 우리 학과는 건설 현장에서 필요한 다양한 전문지식과 기술, 자질을 갖고 각종 사회기반 시설의 공학적 이슈를 탁월히 해결하는 건설기술전문가 양성을 목적으로 한다. 또한 토목 분야와 디지털의 융합을 위한 첨단 교육을 통해 융합형 인재 양성에도 그 의의를 두고 있다. 이를 위하여 토목환경공학 전반에 대한 기초 지식을 습득하고 다양한 전문 분야에 대한 응용기술과 지식을 배양함으로써 건설 현장에 필요한 차세대 융합형 토목환경 기술자를 위한 교육을 실시한다.

http://civil.hannam.ac.kr

한밭대학교

단 과	건설환경조형대학
학과명	도시공학과

학과소개

토목, 환경, 도시공학부는 국가기간산업의 기반시설물을 건설하는 기획, 설계, 시공은 물론 시설물을 유지, 관리하는데 필요한 전문지식을 교육하고 있다. 본 학부는 또한 모집단위를 광역화하고 토목공학, 환경공학, 도시공학을 복수전공할 수 있도록 함으로써 기술산업사회의 다변화시대에 능동적으로 대처할 수 있는 전문산업인력을 양성하고 있다. 급변하는 사회 문화적 트랜드를 반영하고, 쾌적한 도시생활을 영위하게 하는데 요구되는 도시계획, 도시설계, 도시교통, 도시환경에 중추적 역활을 담당할 수 있는 현장 적응력과 창의적 사고를 갖춘 우수한 전문 엔지니어를 양성하는데 목적으로 하고 있다.

http://www.hanbat.ac.kr/urban/

광주광역시

광주대학교

단 과	인문사회대학
학과명	도시·부동산학과

학과소개

우리 학과는 부동산금융학과와 도시계획부동산학과의 장점을 통합한 최첨단 교육을 제공하고 있다. 우리의 미션은 재학생들이 부동산, 도시 계획, 금융 이론 및 실무에 대한 지식을 잘 갖추도록 돕는 것이다. 보람있는 직업을 갖고 싶거나 졸업 후 자신의 사업을 시작하는 꿈을 꾸고 있다면 도시·부동산학과 교수진이 여러분의 꿈과 역량을 펼칠 수 있도록 안내할 것이다. 4차 산업혁명 시대를 맞아 국내외적으로 부동산 전문가에 대한 수요가 늘어나고 있다. 이러한 시대의 흐름에 부응하는 교과과정을 학생들에게 제공함으로써 공인중개사, 감정평가사, 주택관리사 같은 부동산 관련 자격증과 도시계획 분야의 도시계획기사, 교통기사 자격을 학생들이 취득하고 있다. 졸업생들은 부동산 시행사, 부동산 중개업, 금융업, 도시와 교통 컨설팅회사, 공무원, 대학원 등의 진로를 선택하고 있다.

http://re.gwangju.ac.kr/

전남대학교

단과	공과대학
학과명	건축학부 (건축·도시설계전공)

학과소개

전남대학교 건축·도시설계전공은 '건축은 인간이 거주하는 장소이자 심미적인 조형물이며 개인과 사회가 어우러지는 정주공간을 형상하는 공적인 존재'라는 사실을 인식하고 디자인과 엔지니어링의 복합학문으로 인간 존중, 문화 지향, 생태 기반의 철학적 토대 아래 인간이 일상의 삶을 영위하는 데 있어 건축이 어떠한 영향을 끼치며, 어떻게 자극하는지에 대해 학생들에게 교육한다. 우리 프로그램의 교육목표에 따른 교육을 통해 학생들은 건축물의 설계와 건설에 대한 전문가가 되고, 건조환경의 문제를 다루는 데 있어 전략적 사고를 하게 될 것이다. 나아가 자기가 속한 사회에서 발휘할 수 있는 리더십을 배우게 될 것이다.

https://archi.jnu.ac.kr/archi/8028/subview.do

부산광역시

경성대학교

단 과　공과대학

학과명　도시공학과

학과소개

도시공학은 도시계획, 도시설계, 도시재생, GIS, 교통계획, 도시조경, 도시건축, 부동산, 스마트도시 등의 핵심 분야와 사회, 경제, 행정, 토목 등의 관련분야가 밀접한 연관성을 갖는 학제간 학문이다. `21세기는 도시의 시대`라는 시대적 흐름에 발맞추어 1998년에 신설된 도시공학과는 학생들이 도시관련 이론 및 실무 능력뿐 아니라, 미래 사회에서 요구되는 다양한 능력을 겸비한 실무지향형의 인재 양성에 중점을 두고 있다.

https://kscms.ks.ac.kr/urban/Main.do

동아대학교

단 과	공과대학
학과명	도시공학과

학과소개

도시공학이란 모든 국민의 삶의 터전인 국토 및 도시의 개발과 보전, 체계적 관리를 위한 학문이다. 도시공학의 최대 목표는 국민 모두를 위한 "공공복리 증진"이며 이를 위해 도시공학은 전통적으로 도로, 상·하수도 등 도시기반시설 계획은 물론 신도시·산업단지 등의 개발, 교통, 토지이용, 도시설계 등 다양한 세부 관련 분야를 포괄하며 발전해왔다.

https://urban.donga.ac.kr/sites/urban/index.do

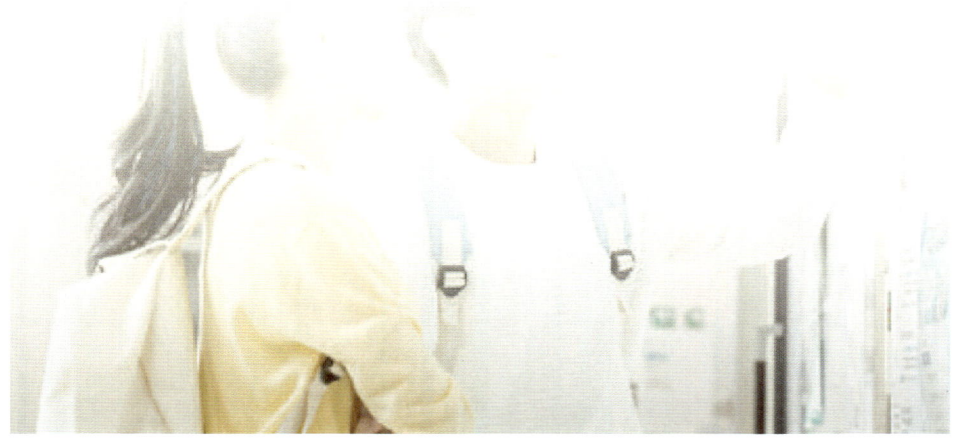

부산광역시

동의대학교

단 과   공과대학

학과명   도시공학과

학과소개

도시공학과는 합리적인 도시계획 및 관리운영과 미래지향적이고 친환경적인 도시환경을 구축하기 위하여 연구, 교육하며, 정보화 시대를 이끌어갈 수 있는 창조적 사고를 지닌 유능한 도시문제 전문가 양성을 교육의 목표로 한다. 현대 도시는 나날이 발전을 거듭하고 이에 수반되는 각종 도시 문제는 심각한 상태에 이르고 있다. 주택문제, 교통문제, 공해문제를 원인과 성격을 종합적으로 규명하여 그 해결방안을 모색하고 이상적인 21세기의 도시건설을 지향하기 위해 환경, 도시계획, 교통계획 및 설계, 시스템공학, 도시주택, 도시설계 분야로 구성되어 있으며 이를 기본으로 도시생활에 관련된 문제를 해결할 수 있는 기본적인 소양과 전문지식을 제공한다.

도시공학은 인간생활 환경을 각가의 용도와 생활목적에 맞게 창조하는 공간예술이며, 창조적 작업을 통하여 유기체로서의 이상적인 도시를 실현시키기 위한 현실 참여적 학문이기도 하다. 합리적인 도시계획을 위해서는 건축, 토목 등의 공학적 측면과 정치, 경제, 사회, 문화, 심리 등의 인문사회과학적 측면의 종합적이고 체계적인 접근도 필요하다.

https://constructionengineering.deu.ac.kr/urban/index.do

부산대학교

단과	공과대학
학과명	건설융합학부 도시공학과

학과소개

부산대학교 도시공학과는 교육 및 연구를 통해 도시사회의 다양한 관심사인 사회, 경제 및 환경적 문제들을 해결하려는 순수학문과 응용학문이 결합한 종합학문을 추구하는 학과이다. 본 학과는 도시 및 지역계획 및 교통 분야의 전문지식과 소양을 갖춘 인재양성을 목표로 1989년 30명의 신입생을 받아들여 학과를 시작한 이래, 국내 도시 및 지역계획에 대한 연구수요에 대처하기 위해 도시문제연구소를 설립하였다. 건설융합학부 도시공학 전공 학부과정과 함께, 일반대학원 도시공학과 석·박사 과정 및 환경대학원 도시계획학과 석사 과정을 함께 운영하고 있다. 또한, 도시 및 지역계획, 교통, 주택 및 부동산, 도시설계, 환경 및 자연재난, 기후변화적응 분야의 문제연구 및 발전에 기여 할 수 있는 유능한 인재를 양성하며, 국내·외 전문기관과의 학술교류 및 정보교류를 통한 위상 제고에 힘쓰고 있다.

https://urban.pusan.ac.kr/urban/index.do

강원도

강릉원주대학교

단 과 사회과학대학

학과명 도시계획·부동산학과

학과소개

도시계획·부동산학과는 강원 영동 지역의 도시 및 지역 계획학(urban and regional planning) 및 부동산학(real estate)을 선도하는 학과로 발돋움하였다. 도시계획·부동산학과는 융복합 부문에 대한 선도적 안목으로 탄생하였으며, 여러 학문적 요소를 포괄한 학제 간 연계(interdisciplinarity)에 초점을 둔 현실적이고 심도깊은 연구와 현장 중심의 문제 해결형 실용적 인재양성에 목적을 두고 있다.

현재 도시와 농촌 간의 균형 발전(balanced development)을 비롯하여, 스마트 도시(smart city), 디지털 트윈(digital twin), 메타버스(meta-verse), 지능형 교통체계(ITS), 프롭테크(proptech), 스마트 전문화 전략(RIS3), 사회혁신(social innovation), 등 최근에 회자되는 다양한 이슈를 반영하여 연구와 강의가 진행되고 있다. 특히 국토 및 지역 계획을 포함한 도시계획학 분야와 개별 필지 단위의 미시적 요소를 다루는 부동산학 분야를 통합하여, 공공 부문에서는 보다 실질적이고 현실적인 정책, 전략 및 계획 수립을 유도하고, 민간 부문에서도 보다 종합적이고 장기적인 안목으로 현상을 분석·진단하는 등, 학문 상호 간의 시너지 효과를 높이고 있다.

도시계획·부동산학과에서는 각 분야별 실무경험과 전문성을 가진 교수님들이 이러한 트랜드를 반영하여 다양한 연구와 강의를 진행하고 있다.

https://upre.gwnu.ac.kr/sites/upre/index.do

상지대학교

단과	미래인재대학
학과명	도시계획부동산학과

학과소개

상지대 도시계획부동산학과는 전국 다른 대학의 주력 분야인 도시계획, 도시재생, 부동산개발, 자산관리, 부동산투자, 부동산금융 분야는 물론, 4차 산업 시대 국가가 적극 지원 및 양성하는 디지털 분야 Smart City와 Property Technology가 포함된 다양한 교육과정을 운영하고 있는 학과이다.

도시계획부동산학과의 자랑이자 경쟁 요소인 다양한 비교과프로그램 즉, 우수 기업과 연구원 인턴, 국토도시계획학회에서 운영하는 여름학교와 겨울학교, 국토교통부가 후원하는 부동산산업의날 Job Fair, 기업체 CEO 취업특강, 졸업생 멘토링, 공인중개사 취업동아리와 미래형 일자리 취업동아리 Smart Space Creator Club 등이 있으며 모든 프로그램에 참여할 수 있다.

졸업 후 진로는 다양한 분야로 진출할 수 있으며 크게 5가지 개발, 관리, 금융, 정보, 계획분야가 있고, 각 분야마다 공기업이 있는 매우 드문 학과이다. 민간부문도 건설회사, 개발회사, 부동산신탁회사, AM, PM, FM, 공간쉐어링회사, 리츠회사, 자산운용회사, 부동산투자회사, 부동산정보회사, 국토정보회사, 감정평가법인, 빅데이터회사, 주택산업연구원, 건설산업연구원, 엔지니어링회사 등 선택의 폭이 넓다.

https://www.sangji.ac.kr/dosi/index.do

강원도

한라대학교

단 과	웰니스지역공헌대학
학과명	도시인프라공학과

학과소개

"도시인프라공학과는 도시계획+안전공학+토목공학의 종합적 사고를 지닌 건설 디렉터를 육성한다." 인간은 사회를 더욱 발달시키기 위하여 사회를 개발을 한다. 개발(開發)의 사전적 의미는 '미개척지를 개척하여 발전시킴', '산업을 일으켜 자원으로 인간사회를 도움'이라는 의미를 가지고 있다. 사회를 구성하기 위해 필요한 인프라로는 도로, 철도, 교량, 터널, 공항, 항만, 수로 및 댐, 상하수도 등이 있다. 이에 우리 사회에서는 학문적으로 국토 및 지역을 계획하는 도시공학, 인프라를 설계, 시공, 감리를 하는 토목공학으로 구분하여 전공을 배우고 있다. 최근에서는 첨단기술이 도입이 됨으로써 계획부터 건설까지 종합적인 사고를 지닌 전문가의 필요성이 증대되고 있다. 이에 우리 도시인프라공학과는 종합적 사고를 지닌 건설디렉터를 육성하기 위하여 기존 토목공학 전공을 바탕으로 도시계획, 안전공학, 소프트웨어교육을 다음과 같이 전면에 도입하였다.

첫째, 종합적사고 능력 향상을 위한 도시계획, 도시건설안전 전공 분야의 확대
둘째, ABAQUS. REDCAP, AUTOCAD, CIVIL 3D, INFRAWORKS 등의 3차원 모델링, BIM 소프트웨어 교육 도입
셋째, S/W 기반 드론측량, 3D 스캐너. 3D 프린터 교육 전면 도입
넷째, 도시인프라 경진 대회 및 졸업 발표회 도입

https://infra.halla.ac.kr/main/main.php

충청도

공주대학교

단 과 천안공과대학

학과명 스마트인프라공학과

학과소개

스마트인프라공학은 인간 생활에 필요한 삶의 공간과 관련된 다양한 문제를 다루는 학문분야로서 도시문명사회의 기반시설인 건물, 도로, 철도, 교량, 교통, 도시계획, 댐, 항만, 하천, 상하수도 및 폐기물 처리시설 등의 계획, 설계, 시공 및 유지관리를 담당하고 있다. 공주대학교 스마트인프라공학과는 1992년에 공주캠퍼스에 설립된 토목공학과를 기반으로 1997년 1999년 및 2003년에 각각 첫 학사, 석사, 박사 졸업생을 배출하면서 빠르게 성장하고 있다. 2004년 국립천안공업대학 토목과와 통합하여 수도권에서 접근이 용이한 천안캠퍼스 시대를 열었다. 2021년 14명의 교수진이 구조공학, 수자원공학, 지반공학, 환경공학, 공간정보, 건설관리로 나뉘어 독자적인 연구와 강의를 담당하고 있다. 30여년의 길지 않은 역사를 통해 지방 거점대학 수준의 규모와 실적을 구축해 왔으며, 그러한 패기와 자신감을 바탕으로 새롭게 변화하는 사회 및 경제적인 여건에 능동적으로 대응할 수 있는 우수한 인재 양성에 최선을 다하고 있다. 그동안 배출된 3,000여명의 졸업생들은 국토해양개발의 공공분야, 민간건설 산업분야 그리고 연구개발 및 교육 등 학문분야를 포함한 사회의 다양한 영역에서 묵묵히 국가 발전에 기여하고 있다.

https://cee.kongju.ac.kr/ZD0180/index.do

충청도

단 과 천안공과대학

학과명 도시·교통공학과

학과소개

최근 국내외 도시는 급속한 도시화와 세계화, 그리고 COVID-19 확산 등으로 인해 빠르게 변화하고 있으며, 이 과정에서 나타나는 도시문제도 여러 분야가 복합된 양상을 보이고 있다. 이와 같이 복합화된 도시문제를 해결하기 위해 인공 지능, ICT 등 첨단과학기술이 도시계획, 교통, 공간정보 분야와 융합되면서 관련 분야도 빠르게 발전하고 있으며, 정부도 기존 도시와 IT산업이 융합된 스마트시티를 미래 대한민국을 이끌어 갈 신성장동력으로 선정하고 정부차원에서 지원을 아끼지 않고 있다. 이와 같이 복잡한 도시문제에 대응하고 체계적으로 관련 분야 인재를 양성하고자 1999년 공주대학교 건설환경공학부 내에 도시·교통공학전공이 만들어졌으며, 2021년부터는 첨단학과로 분리되면서 학과 명칭을 도시융합시스템공학과로 변경하였다. 도시융합시스템공학과는 도시공학, 교통공학, 공간정보공학 분야의 우수한 교수진으로 구성되어 있으며, 기존 도시계획, 교통, 공간정보 분야에 인공지능, ICT 등 새로운 첨단과학기술 분야를 융합함으로써 새로운 방식으로 현대 도시 문제를 해결하는 스마트시티를 지향한다. 현재 도시융합시스템공학과는 대학 내 첨단학과로 지정되어 많은 지원을 받고 있으며, 2020년 8월에는 정부의 BK(Brain Korea) 21사업 스마트시티 분야에 선정되어 장학금, 교육 및 연구 등 다양한 정부 지원을 토대로 관련 분야 전문 인력을 양성하고 있다.

https://use.kongju.ac.kr/sites/ZD0190/index..do

상명대학교

단과	공과대학
학과명	건설시스템공학과

학과소개

건설시스템공학(Civil Engineering)은 사회전반에 걸친 기초 간접 자본시설을 설계, 시공, 감리 하는 것이다. 재미있게 말해서 지구의 외과의사라 하시는 분들도 계시며 도로, 항만, 공항, 댐, 터널, 지하철, 운하, 철도 등 사회기반시설에 대한 지식을 얻는 학문이라 할 수 있다. 이러한 기반시설들은 규모가 커서 안전한 설계가 필요하며, 경제적이어야 한다. 안전하게 설계하고 시공하는 것은 간편하지만, 기타 다른 요인에 의하여 경제적으로 하는 것은 그보다 간편하진 않다. 건설시스템공학과는 안전하면서도 경제적인 설계, 시공, 감리를 위해 기초 지식과 더불어 전문적인 기술을 배우는 학과이다. 건설시스템공학은 국제경쟁력을 갖춘 실용적 전문기술인력의 양성을 교육목표로 하고 있다. 세계화의 감각은 이미 개막된 유비쿼터스시대의 국경 없는 무한 경쟁 시장에서 성공하기 위한 가장 중요한 덕목이라 할 것이다. 실용적 내용의 학습으로 실무처리 능력의 함양한다. 이는 핵심 및 최신 전공기술에 대한 전문지식의 확보와 더불어 취업 및 개인의 미래설계에 자신감을 갖게 하는 주요사항이라 할 것이다. 이와 같은 교육목표를 달성하기 위하여 수공, 구조, 지반, GIS 분야 등 필수 교과의 이론/실험 병행수업과 세미나, 졸업논문 과정을 통한 업무추진/발표능력의 향상 등 전인적 능력 배양을 위하여 노력하고 있다.

https://civil.smu.ac.kr/civil/index.do

충청도

선문대학교

단 과 공과대학

학과명 건설시스템안전공학과

학과소개

건설엔지니어로서의 자격과 안전관리자로서의 자격을 갖춘 전문엔지니어의 양성을 목표로 하고 있다. 이를 위해 건설 및 건설안전 분야에 대한 교육을 핵심적으로 제공하고 시대의 흐름에 맞게 교육과정에 건설안전관리론, 건설안전기술 등의 건설안전 관련 과목을 개설하여 전문 인력 양성에 힘쓰고 있다.

https://cisse.sunmoon.ac.kr/cisse/main.do

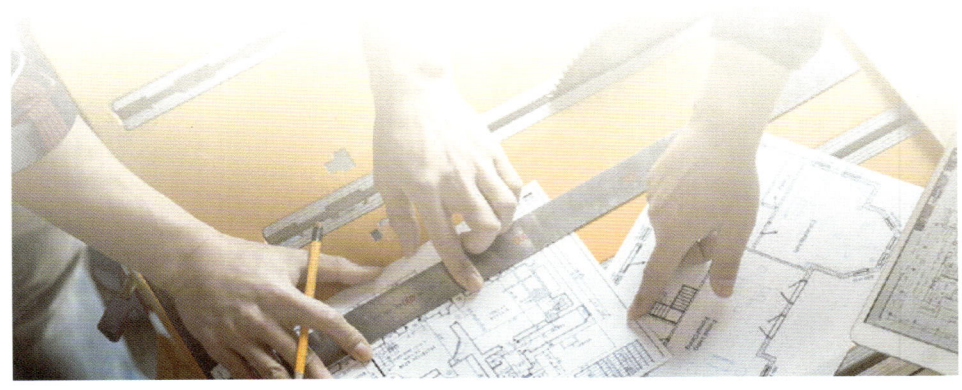

세명대학교

단 과	IT엔지니어링대학
학과명	건설환경공학과

학과소개

건설환경공학의 역사는 인류의 역사와 그 기원을 같이 하고 있다. 건설환경공학은 유사 이래로 인류 삶의 질 향상에 큰 역할을 수행해 오고 있으며, 과거 뿐 아니라 현재에도 가장 기초적이고 중요한 학문의 하나로 인식되어 왔다. 건설환경공학은 국토개발, 지하공간, 중대형 교량, 철도, 고속전철, 원자력발전소, 도로, 항만, 공항, 터널, 하천, 플랜트, 수자원, 댐, 관개 배수, 상하수도, 지하철, 선박, 우주개발 등의 사회간접자본시설을 계획, 설계하고 건설하는 학문이다. 이러한 시설들은 현대인의 삶의 질을 높이고 홍수, 가뭄, 지진, 태풍 등의 자연재해로부터 인명과 재산을 보호하며, 일상생활의 편리함을 제공하기 때문에 개인적으로나 사회적으로 가장 기본이 되는 것들로서 토목공학의 발전 척도는 일국의 발전 정도를 가늠하고, 또한 앞으로의 가능성을 잴 수 있는 한 잣대가 되기도 한다. 건설환경공학의 연구분야는 크게 구조공학분야, 수공학 분야, 토질 및 기초공학분야, 철근콘크리트공학분야, 측량 및 지형공간정보분야, 환경공학분야로 나뉘어지는데 오늘날의 건설환경공학은 보다 경제적이고 안전하며 편리하고 매력적인 공공시설을 건설하기 위하여 여러 가지 수치해석기법과 원격탐사, 인공지능, 대형 컴퓨터, 컴퓨터그래픽 등을 이용하는 첨단의 기술분야로서 발전되고 있다.

http://www.semyung.ac.kr/smce.do

충청도

청주대학교

단 과　공과대학

학과명　조경도시학과

학과소개

조경도시학과는 국토환경과 도시를 대표로 하는 인간의 정주공간과 자연환경, 자원의 보전과 활용 등에 대한 공간계획 및 조성에 대한 전문성을 갖추는 분야이다. 또한 개발로 인한 심각한 자연훼손과 에너지 및 사회문제의 해결 등 지속가능한 상생의 환경 조성에 대한 인식이 확대되면서, 문화와 생태를 기반으로 자연과 인간의 조화와 기능적, 미적 환경의 창출을 지향하는 종합 과학 학문으로 각광받고 있다.

조경도시학과에서는 종합실천과학이자 응용학문의 성격을 갖는 조경학과 도시계획학을 기반으로 국토환경을 계획, 설계, 시공, 관리하기 위한 전문가 양성을 위하여 자연과학과 공학 등 기초 학문 습득, 창의적인 아이디어와 통찰력을 갖춘 분석능력 함양, 디자인 감각을 개발시키기 위한 실습과정 등을 집중적으로 편성하여 운영하고 있다. 이를 통해 국토 및 환경 전반에 걸친 확장형 전문분야로서 한층 앞서가는 학습과 연구를 활발히 진행하고 있다.

https://www.cju.ac.kr/landscape/contents.do?key=7997&

충북대학교

단 과	공과대학
학과명	도시공학과

학과소개

도시공학이란 현대생활의 중심지인 도시의 계획적인 개발과 관리를 통하여 보다 살기좋은 환경을 만들고자 하는 학문이다. 현대사회의 주된 정주공간인 도시에는 인구, 토지, 환경, 사회병리 등과 관련된 다양한 문제들이 복잡하게 발생하고 있다. 따라서 도시가 직면한 다양한 문제점을 종합적으로 규명하고 해결방안 모색을 통해 21세기의 도시건설을 지향하기 위해 도시공학과는 도시계획, 교통계획 및 설계, 시스템공학, 도시네트워크, 도시설계, 공간환경, 공간계량 및 분석 등 7개 분야로 구성되어 있다. 도시공학과는 사회·경제적 측면에서부터 건축·토목 등 건설관련 분야에 이르기까지 다양한 분야에 대한 기초적 지식을 근간으로 하는 다학문적 교육체계를 구축하고 있다. 도시공학과의 기본적인 교육목표는 행정기관, 연구기관, 컨설팅 및 건설회사 등을 포함한 공공 또는 민간분야에서 도시공간과 관련 시설들을 계획·관리할 수 있는 양질의 계획전문가와 엔지니어로 학생들을 육성하는 것이다.

https://urban.cbnu.ac.kr/

충청도

한서대학교

단과 항공융합학부

학과명 환경·토목·건축학과

학과소개

환경·토목·건축학과는 Pro-Partner로서 세상의 변화를 읽고 탐구하고 도전하는 진취적인 인재로서 발돋움하는 것에 도움이 되고자 한다. 사람의 삶의 질 향상을 위해 반드시 필요한 구조물, 경제적 하부구조, 환경 등 전반적인 사회기반 시설물을 이해하고, 계획, 설계, 건설 및 운영, 연구를 중심으로 고찰하는데 그 의의가 있다.

건축학전공
건축문화의 혁신과 건축 미래를 책임질 건축설계 및 건축공학 전문가를 양성한다. 건축 계획, 설계, 역사, 시공, 구조, 재료, 환경, 설비, CAD 등 다양한 건축 관련 지식과 기술을 이론과 실습을 통해 배우게 된다. 이에 따른 건축 관련 자격증 취득과 학생 적성에 맞는 다양한 취업이 가능하다.

토목공학전공
토목공학은 인류와 함께 시작하였으며 기술을 바탕으로 한 가장 오래된 학문 중의 하나이다. 토목공학은 인류의 계속된 복지와 더욱 나은 환경을 조성하기 위해 필요한 공항, 항만, 고속도로, 고속철도, 신도시건설, 댐 등 초대형 복합구조물 뿐만 아니라 이를 건설하기 위해 필요한 교량, 도로, 터널, 상하수도 시설 등의 사회 기간시설물을 계획하고, 설계하고 시공하는 것을 배운다.

환경공학전공
환경공학은 다양한 공학관련 학문 분야 중에 가장 공공성이 강하고 국민생활과 밀접한 관련이 있는 학문분야이다. 일상생활에서 먹는 물 문제부터 시작하여 마시는 공기, 그리고 각종 폐기물, 소음진동, 토양 및 지하수 오염문제 등을 과학적으로 처리하고 복원하는 학문이다. 최근에는 중앙정부와 우리대학, 그리고 본 환경공학 전공교수와 협력하여 항공기를 이용하여 장거리 오염물질의 이동과 최근 대두되고 있는 미세먼지를 조사하고 관리하는 일에 일조하고 있다.

https://www.hanseo.ac.kr/sub/info.do?page=030912&m=030912&s=hs

한국교통대학교

단 과 공과대학

학과명 건설환경도시교통학부 (도시·교통공학 전공)

학과소개

우리 건설환경도시·교통공학부는 인간 중심의 사회기반시설 구축, 기후변화 및 환경문제 해결, 지속가능하고 편리한 도시창조를 위한 중추적인 역할을 수행하는 사회기반공학, 환경공학 및 도시·교통공학의 3개 전공으로 구성되어 있습니다. 우리 학부는 국가 및 사회발전에 주도적인 역할을 수행하고 있는 많은 우수한 졸업생들을 배출하였으며, 열정과 도전으로 배움에 정진하고 있는 재학생과 오랜 경험과 지식을 바탕으로 교육과 연구에 매진하고 있는 교수진으로 구성되어 있습니다. 건설환경도시교통공학부는 사회기반공학, 환경공학 및 도시·교통공학의 3개 전공으로 구성되어 있으며, 인간중심의 사회기반시설 구축, 기후변화 및 환경문제 해결, 지속가능하고 편리한 도시창조에 이바지할 우수한 인재양성을 목표로 한다.

https://www.ut.ac.kr/ceut/sub02_00.do

경상도

경북대학교

단 과	과학기술대학
학과명	스마트플랜트공학과

학과소개

스마트플랜트공학과는 융복합시스템공학부(플랜트시스템전공)에서 분리하여 신설된 학과로, 4차 산업혁명 시대를 주도할 스마트플랜트, 스마트시티, 스마트 인프라 분야의 융복합 전문인력 양성을 위한 학과이다. 우리학과는 스마트플랜트 분야의 전문인력 양성을 위하여 인공지능 및 빅데이터, 정보통신, 전자전기, 건축구조, 기계설계, 신재생에너지, 기후변화 등 다양한 전공 분야와 다학제적 기술이 융합된 대표적인 융복합시스템을 교육한다. 스마트플랜트공학은 지능정보기술 기반의 건축, 토목, 전자전기, 컴퓨터, 기계, 에너지 등 다양한 분야의 지식과의 융합을 통해 플랜트분야 문제 해결을 위한 다학제간 첨단응용학문이다. 플랜트시스템은 현대사회에서 삶을 영위하는데 필수적인 요소인 전기, 가스, 수도, 도로 등의 인프라 및 다양한 제품 생산 지원을 통해 우리의 안전성과 편리성을 극대화하는 매우 중요한 융복합 시스템이라 할 수 있다. 우리학과는 4차 산업혁명 시대의 기술 및 시장 성장을 견인할 것으로 기대되는 스마트플랜트분야 뿐만 아니라 스마트시티, 스마트 인프라분야의 융복합 전문인력 양성을 위한 다양한 교육 및 연구 프로그램을 제공한다.

https://smartplant.knu.ac.kr/

경상국립대학교

단 과	공과대학
학과명	도시공학과

학과소개

도시공학은 사람들의 삶의 공간인 도시에서 발생하는 여러가지 문제를 다루는 학문이다. 도시공학과는 우리 국토와 도시를 보다 아름답고 스마트한 공간으로 계획하고 개발하여 관리하는 이론과 기술을 연구한다. 신도시나 도시재개발은 물론, 주거, 상업, 공업, 녹지가 적절히 어우러진 토지이용계획, 그리고 도로와 공원 등 물리적 공간개발뿐만 아니라 도시에서 발생하는 교통, 주거, 환경 등의 문제를 적극적으로 해결하고자 노력한다. 도시공학은 현재 공과대학에 속해 있으나 학문의 성격상 지리학, 경제학, 행정학 등 사회과학분야와 건축학, 조경학, 토목공학 등과 연계를 통해 도시문제를 종합적으로 해결하고자 하는 21세기형 융합학문이기도 하다. 또한 우리 생활과 가장 밀접한 연관성이 있는 실용학문을 추구하는 학과이다.

https://www.gnu.ac.kr/urban/main.do

경상도

경일대학교

단 과	SMART엔지니어링대학
학과명	스마트공학부 (건축토목공학전공)

학과소개

스마트공학부 건축토목공학 전공은 세계적인 코로나19 위기의 시기에도 국토교통부 비대면 특성화사업, 교육부 지역선도대학육성사업 및 LINC3.0사업 등 다양한 국책사업에 참여중이다. 시설물 노후화로 인한 안전진단, 도시재개발, 자율주행 도로, 대도시 지하시설물, 지하철도 등의 확대로 인해 주택, 사회간접자본 시설 등에 수많은 건축토목 인력을 필요로 하고 있다. 스마트공학부 건축토목공학 전공은 건설의 제반 이론과 이를 활용한 실제 건축물의 설계, 구조, 환경, 시공 등에 적용 가능한 적용방법을 교육, 연구하며 인간성과 창의성의 함양을 통해 기술과 예술의 모든 측면에서 교육을 시행함으로써 인간생활 요구에 적정한 건축 환경을 창조하는 전문건축인과 과학기술인을 배양한다. 건설학문의 응용방법을 탐구하도록 이론과 실습을 병행하여 계획에서 시공 마감, 구조적 안전성 확보와 인테리어·리모델링까지의 과정을 포괄적이고 실질적으로 습득할 수 있도록 교육한다.

http://ace.kiu.ac.kr/

안동대학교

단과	공과대학
학과명	건설시스템공학과

학과소개

토목공학은 인프라를 구축하는데 중요한 역할을 합니다. 도시 및 국가의 발전에 필수적인 도로, 다리, 터널, 철도 등을 설계하고 건설하는 분야이다. 안동대학교 건설시스템공학과에서는 이러한 인프라를 구축하는데 필요한 다양한 기술과 지식을 배울 수 있다. 구조물 설계, 재료공학, 지반공학, 수리해석 등 다양한 분야의 전문 지식을 습득할 수 있습니다. 또한, 토목공학은 현장실무 중심의 학문이기 때문에 전공과목에서 배운 이론을 현장에서 직접 적용해 볼 수 있는 기회가 많다. 이를 통해 문제해결 능력과 협업 능력을 함께 키울 수 있다. 토목공학은 인프라 구축 분야에서 항상 필요한 분야이며, 이 분야에서 일하는 인재는 국내뿐만 아니라 해외에서도 높은 수요를 받고 있다. 미래를 준비하는데 있어 토목공학과는 꼭 고려해볼 만한 전공 중 하나이다. 안동대학교 토목공학과는 1995년 신설된 이래 21세기 세계화, 정보화 시대에 토목 및 건설 분야의 주역을 담당할 유능하고 패기 있는 젊은 엔지니어를 양성하기 위하여 최선의 노력을 경주해 왔으며 그 성과의 일환으로 2002년 한국대학교육협의회 주체 학과평가에서도 교육여건 분야와 지원체제 분야에서 최우수대학으로, 교육과정 및 교육성과 분야에서 우수대학으로 선정되는 등 대.내외적으로 학과의 우수성을 인정받고 있다.

https://civil.andong.ac.kr/

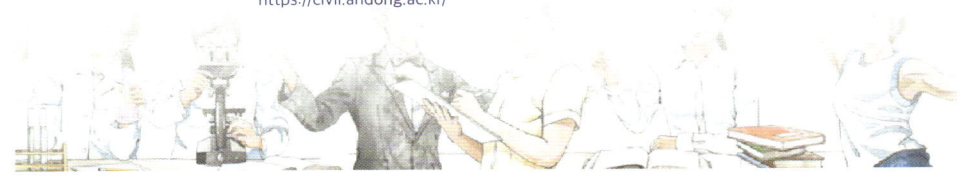

경상도

영남대학교

단 과	공과대학
학과명	도시공학과

학과소개

도시화와 함께 도시지역에 거주하는 인구는 증가하였으며, 그 결과 도시는 주거, 교통, 생활환경 등 다양한 분야에서 새롭게 발생하고 있는 문제에 지속적으로 대응하며 성장해 왔다. 도시공학은 이러한 문제에 대한 해결방안을 제공하기 위해 공학, 인문학, 사회과학, 예술 등 다양한 학문과의 융복합적인 관점에서 접근하는 학문이다. 과거 고도 성장시대에 도시공학은 새로운 도시의 계획과 설계에 많은 관심을 보였으며, 이후 도시의 팽창에 따른 도시의 공간계획, 교통문제, 환경문제 등을 주로 다루어 왔다. 그러나 최근 도시는 기술과 문화의 혁신을 통해 새롭게 변화되기(도시재생) 위해 활발히 움직이고 있으며, 이를 통해 거주민의 보다 편리하고, 안전하고, 지속 가능한 생활환경을 제공하고자 변화하고 있다. 도시공학은 이렇게 지속적으로 변화하는 도시에 대하여 기존 환경과 문화를 수용하는 한편, 새롭게 제기되는 도시 문제를 능동적으로 대응하기 위한 학문이다. 영남대학교 도시공학과는 도시의 주택, 교통, 환경문제를 해결할 수 있는 전문인을 양성하기 위해 1980년에 개설되었다. 특히 도시계획 및 설계, 교통계획 및 공학, 환경계획 등 전통적인 도시공학 분야뿐 아니라 미래형 첨단도시(스마트 도시), 기존 도시의 재구성(도시재생), 자율주행, 도시 및 교통 빅데이터 분석, 지속가능한 도시관령의 구축 등과 같은 새로운 도시공학 분야에 대한 이론과 실험 실습 교육을 병행하여 사회현장에서 원하는 인재를 양성하고 있다.

https://urban.yu.ac.kr/urban/index.do

창원대학교

단과 공과대학

학과명 스마트그린공학부 (건설시스템공학전공)

학과소개

본 전공에서는 도로, 철도, 공항, 교량, 댐, 항만, 상하수도 등 각종 사회기반시설물을 사람들의 생활에 편리하고 안전하게 건설하기 위한 학문 분야의 유능한 인재를 양성하기 위하여 특성화된 교육을 실시하고 있다. 특히, 실험·실습 중심의 내실 있는 전공교육 프로그램 운영과 학생들에 대한 다양한 재정적 지원을 통하여 경쟁력을 갖춘 건설기술자를 육성해 왔다. 오늘날 건설시스템공학은 전통적인 토목공학(civil engineering)의 개념에서 더욱 발전하여 컴퓨터를 이용한 시뮬레이션 기법, 드론 등을 활용한 원격탐사, 첨단 센서를 이용한 계측 기술, 인공지능(AI)을 활용한 데이터 분석 등 여러 기술들을 융합하는 첨단 학문분야로서 그 범위가 확장되고 있다. 특히, 경상남도의 도청 소재지이자 인구 100만명 이상 특례시로서 창원시 및 인접 지역에서는 건설시스템공학 관련 업무에 대한 전문성을 갖춘 고급 인력에 대한 수요가 매우 크다. 더구나 우리나라 건설산업 분야에서 큰 이정표가 될 수 있는 가덕도 신공항과 진해신항 건설이 창원시 발전 계획과 밀접한 연관을 가지고 2040년까지 추진될 예정이어서 향후 창원대학교 건설시스템공학전공 졸업자가 역량을 펼칠 수 있는 기회는 더욱 커질 것으로 전망된다. 이러한 미래 건설산업 및 지역사회의 요구에 부응하기 위해 창원대학교 스마트그린공학부 건설시스템공학전공에서는 실용적인 전공 지식을 가르치고 창의적인 문제 해결 능력을 함양시킴으로써 경남의 중심에서 아시아로 세계로 뻗어나가는 글로벌 인재 양성을 위한 끊임없는 노력을 펼쳐 나가고 있다.

https://www.changwon.ac.kr/cven/main.do

경상도

한동대학교

단 과	공간환경시스템공학부
학과명	도시환경전공

학과소개

공간환경시스템공학부는 인류 삶의 터전인 공간(땅, 바다, 자연)영역에서 발생하는 제반 현상과 문제들을 시스템적으로 접근하여 해결할 수 있도록 교육하고 연구하는 학부이다. 따라서 본 학부의 학생들은 독립된 개별 분야가 아니라, 건설공학(건축, 토목) 전공과 도시환경공학전공이 융합된 복수전공을 이수한다. 그러나 학생들은 학부 내에서 폭넓은 융합교육의 원칙하에서 사회적 요청에 부응하여 제공되는 공학인증 프로그램인 공간시스템공학을 단수전공 할 수 있다. 공간환경시스템공학부는 공간영역(예: 도시, 건축, 토목 인프라 - 도로/철도, 하천/항만 등)에서 발생하는 공학 현상과 문제들을 시스템적 분석에 의해 해결하는 인재를양성한다. 특히 환경친화적 관점에서 지속 가능한 공간개발을 추진하므로, 하나님의 창조 질서를 회복하는 기독전문인을 양성하는 것을 목표로 한다.

https://www.handong.edu/kor/major/college/spatial-environm/intro/

전라도

목포대학교

단과	공과대학
학과명	도시계획 및 조경학부(도시계획 및 지역개발학 전공)

학과소개

도시계획 및 지역개발 전공은 국토 미래 수요에 대응하는 스마트 도시계획 및 협력적 지역개발 전문가를 양성하는 학과이다.

미래지향적인 도시발전 방향을 제시하기 위한 「도시계획학」, 종합적·입체적인 도시공간계획 및 도시 관리기준을 수립하기 위한 「도시설계학」, 지속가능한 도시발전을 도모하기 위한 계획적인 도시공간 조성을 위한 「도시개발학」, 쇠퇴하거나 정체된 도시와 지역을 대상으로 지역주민과 함께 물리적, 경제적, 사회적, 환경적, 문화적으로 활성화시키기 위한 「지역개발학」을 배울 수 있다.

https://www.mokpo.ac.kr/ipsi/988/subview.do

전라도

단 과 사회과학대학

학과명 지적학과

학과소개

지적학과는 우리나라의 국토 공간을 조사·등록하는 국토정보(지적)의 학문적 이론을 연구·교육하는 학과이다.

지적과 관련된 법, 제도, 정책뿐만 아니라 부동산, 도시계획 분야를 사회과학적인 기법과 원리에 기반하여 탐구한다.

한편으로 지적측량 및 GIS, 지적전산, 공간정보시스템, 원격탐사, 드론 등 기술공학적인 측면을 동시에 연구하는 융복합적 응용학문의 성격도 지닌다.

이러한 지적 및 관련 학문(관련 법제도, 지적측량, 공간정보 등)을 토대로 부동산 관리, 정책, 중개, 감정평가, 주택 및 도시, 국토관리, 공간정보 분야 전문가 양성한다.

국토 및 공간정보 분야에서 명실상부 최고의 미래 지적 전문가를 교육·양성한다.

https://www.mokpo.ac.kr/ipsi/925/subview.do

원광대학교

단 과	창의공과대학
학과명	도시공학과

학과소개

도시공학과에서는 도시계획과 도시설계를 중심으로 운영하고 있다.
도시계획에서는 도시의 미래 활동 수요를 예측하고 이를 수용할 수 있는 도시구조, 기능별 토지배분, 합리적인 토지이용 관리, 도시개발, 교통체계 등 바람직한 도시의 미래를 위해 필요한 골격과 구조를 제시하고 표현할 수 있는 역량강화를 목표로 교육과정이 편성되어 있다. 도시설계에서는 건축디자인개념을 토대로 단일건축물이 아닌 도시공간의 미래상을 3차원적으로 제시하고 표현할 수 있는 역량과 이를 제도적 장치와 연계하여 도시안에서 구현하기 위한 디자인가이드라인 작성, 지역 커뮤니티와의 소통, 도시공간이 담아낼 콘텐츠 기획 등과 관련한 역량강화를 목표로 교육과정이 운영되고 있다.

https://pksud68.wixsite.com/wku-urban-en

전라도

전북대학교

단 과 공과대학

학과명 도시공학과

학과소개

도시공학은 도시와 지역의 공간계획과 환경 및 교통의 합리적 구성에 관한 분야를 연구하고 응용하는 학문으로 인간 정주환경과 관련되는 각종 물리적 계획뿐만 아니라 사회계획 및 경제계획을 포함하는 종합적 성격을 가지고 있다. 도시계획은 도시의 토지이용, 개발 및 정비, 도시시설 등에 대하여 구체적인 계획을 통해 안전하고 쾌적한 생활환경을 조성하는 방안을 연구하며, 교통공학은 도로교통을 중심으로 신속하고 안전한 도로교통의 확브, 효율적인 도로의 구조, 교통관리방법 등을 연구하는 학문이다.

https://urban.jbnu.ac.kr/urban/index.do

제주특별자치도

제주국제대학교

단 과	건설공학부
학과명	토목공학전공

학과소개

미래지향 공학인 토목공학은 5가지 공학 분야로 구성되어 있다.
첫째, SOC 분야로 초 장대 교량, 스마트 하이웨이, U-CITY 분야. 둘째, 에너지응용융합 분야로 해수담수화시설, 플랜트, 발전소 등의 분야. 셋째, 신 공간개발 분야인 지하공간, 해양, 우주공간, 극지개발 등의 분야. 넷째, 도시계획 및 신도시개발 분야. 다섯째, 수자원에너지 분야인 댐, 항만, 운하, 상하수도, 워터프론트(수변공간) 등의 분야로 구성되어 있다. 첨단미래공학인 양성을 목표로 구조 설계, 캐드, 지리정보ㆍ지형정보(GIS ㆍ GPS), 방재ㆍ재난관리에 대한 전문지식 및 건설 경영인으로서의 소양과 능력을 함양한다.

https://www.jeju.ac.kr/department/civil.htm?pc=true

03

위원회별
도시분야 전문가
소개

강동진	류영국	이석현
권영상	박태원	이수기
김민재	송기황	이영은
김세훈	안내영	이재훈
김영석	유해연	정윤남
김태형	윤혜영	정종대
김현정	이건원	조영태
김환용	이광현	황세원
김형규		

Kang, Dongjin

강동진 경성대학교 도시계획학과 교수

주요학력 및 이력

- 서울대학교 환경대학원 공학박사 (1997)
- 서울대학교 환경대학원 조경학 석사 (1990)
- 성균관대학교 건축공학과 학사 (1988)
- 문화재청 문화재위원 (현재)
- ICOMOS-Korea 이사 (현재)

<독일 프라이부르크의 베힐레(보존된

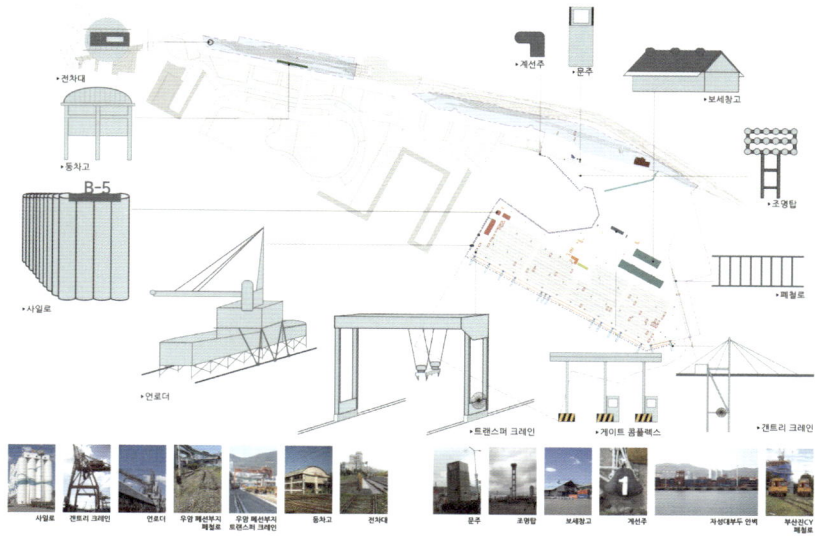

< 우리나라 최초의 컨테이너 부두(부산 자성대부두)의 산업유산들(보존하여 멋지게 활용해야 할 것들)>

<오페라하우스와 하버브릿지의 풍경을 보전하여 창안된 시드니 도심의 스카이라인(하늘의 선)>

1. 자기소개를 부탁드립니다.

저는 역사환경 보전에 중심을 둔 도시설계를 배웠고, 현재 경성대학교 도시계획학과에 재직 중입니다. 2001년에 부산에 정착하여 근대유산, 산업유산, 세계유산, 도시유산 등을 키워드로 하는 각종 지역문화활동과 연구에 참여하고 있습니다. 특히 좋은 도시를 꿈꾸며 각종 자문활동과 실천적인 활동에 참여하고 있습니다.

2. 이 직업을 선택하려면 어떤 공부(대학에서의 전공)를 해야 하나요?

저는 도시의 인문사회 및 문화적 특성을 반영한 시민 중심의 도시를 만들어 가기 위한 각종 활동에 참여하고 있습니다.
대학에서 건축을, 대학원에서 도시설계를 공부했지요. 도시설계 분야는 매우 다양합니다. 그 중 저는 도시의 오래되어 낡고 소외된 것을 보존하고 활용하여 새로운 것으로 전환시키는 분야를 세부전공으로 삼았습니다. 이론과 실천을 겸비해야 하는 학문입니다.
이를 위해서는, 학문적 소양을 기르는 것과 함께 관련된 사회적 상황과 현재 벌어지고 있는 도시문제에 깊은 관심을 가지고, 다양한 시민 참여 활동(지역의 NGO/NPO 참여활동, 학생들에게 제공되는 학회 활동 등)에 적극 동참할 필요가 있습니다.

3. 이 직업의 장점(좋은 점, 의미있는 점)과 단점(힘든 점)이 궁금합니다!

저의 관심의 대부분은 선진도시의 활성적이고도 미래지향적인 모습입니다. 역사, 문화, 자연, 경관 등을 키워드로 하는 다양한 미래 도시들을 공부하기에 다양한 면에서 창의적인 상상력을 펼쳐갈 기회들을 가지게 됩니다. 나의 꿈을 도시에서 실천할 수 있다는 것! 그것은 제가 살아가는 삶의 원동력입니다. 반면 힘든 점은 저와 같은 생각을 하는 사람들을 만나기가 그리 쉽지 않다는 것입니다. 개발 지향적인 사회 상황 속에서 같은 시선을 가지고 함께 걸어 갈 수 있는 동역자를 만나기 위한 끊임없는 노력이 필요합니다.

4. 이 직업의 미래 전망을 어떻게 생각하세요?

도시의 발전은 국가의 경제수준과 밀접한 관계를 가집니다.
현재 우리나라의 1인당 GDP는 3.5만 달러입니다. 제가 학교를 다녔던 89~90년대는 1.5만 달러 내외의 시대였지요. 당시는 도시에서 역사와 문화를 논하며 선진적인 도시를 꿈꾸기 보다는 먹고사는 데에 급급했던 시대였습니다. 그래서 저의 전공에 대한 관심도는 매우 낮았던 시기였습니다.
앞으로 우리는 1인당 GDP는 5만 달러 이상의 시대를 꿈꾸어야 합니다. 최소한 5만 달러 이상의 선진 도시들이 무엇을 하고 있는지 어떻게 도시를 가꾸어 가고 있는지 관심을 가지고 배워야 합니다.
그런 차원에서, 대한민국의 도시들은 분명 경제적으로 5만 달러 이상의 수준으로 발전되어 갈 것이기에, 저는 도시의 역사환경을 보전하고 이를 도시설계로 실현하는 직업은 매우 전망이 밝다고 생각합니다. 최근 유행중인 레트로, 뉴트로의 개념만 보아도 그렇습니다.(3만달러 시대가 그런데 5만 달러는 어떤 일들이 전개될까요?)
분명 그 시대는 지금은 생각지 못하는 직업들이 분화되고 또 예상치 못했던 영역에서 도시설계의 업역이 확장되어 갈 것입니다. 그 시대를 꿈꾸며 준비해야 할 것입니다. 분명 많은 길이 열릴 것으로 생각합니다.

5. 이 일을 하기 위해 중,고등학생 때 하면 도움이 되는 공부나 활동이 있을까요?

조금 상투적이지만, 다양한 책 읽기와 자연 벗 삼기(시골 살기, 체험 등)를 권합니다. 저는 타인들에 비해 상대적으로 상상력이 조금 풍부한 편입니다(?). 이유 중 하나는 유년시절부터 특히 청소년기에 읽었던 근대단편소설들이 준 여러 영감들 때문이라 생각합니다. 근대단편소설들에 주로 등장했던 도시의 풍경과 시민들의 삶은 지금 저의 생각과 그 궤를 같이하고 있습니다. 그런 영감들이 쌓이고 쌓여 도시를 바라보는 저의 일관된 관점(과거가 기억으로 또 미래시대의 유산으로 전환되며 그것이 해당 도시가 기억이 다양한 도시를 꿈꾸며 지켜가야 할 명제이자 원칙이 되어감) 형성에 밑바탕이 되었습니다. 자연을 벗 삼는 일도 매우 권장합니다. 미래 도시에서의 삶의 가치는 개별적 다양성의 정도가 좌우할 것으로 판단합니다. 이는 아이덴티티 즉, 개인의 정체성과 연결된다고 할 수 있습니다. 1인당 GDP가 5만 달러를 넘어가면 사람들은 획일화된 삶에서 탈피하고, 자신만의 개성을 추구하며 자신의 방식대로 삶을 누리는 시대가 도래하고 또 나아갈 것입니다. 그 시대에 주인공이 되려면 다양한 체험(특히 자연)을 가진 자들이 조금이라도 주인공으로서의 역할을 담당하게 될 것으로 저는 생각합니다.

6. 이 직업을 꿈꾸는 청소년들에게 마지막으로 한 말씀을 부탁드립니다!

단기에 이루는 명예와 부의 지향도 좋을 것입니다. 그러나 대한민국의 발전 속도로 볼 때 여러분들이 성인이 될 때면 우리나라의 경제 수준은 모든 국민들이 어느 정도 편히 살아갈 수 있는 경제적 수준에 이를 것으로 생각합니다.

그렇다면 앞으로의 세상은 돈보다는 어떤 직업, 특히 내가 좋아하는 일을 하는 직업이냐 아니냐에 따라 삶의 만족도는 크게 달라질 것으로 보입니다.(서구 선진사회 속에서의 시민들의 삶의 행태를 보면 이런 생각을 쉽게 가질 수 있습니다.)

따라서 너무 빨리 여러분의 미래를 한정시키기보다는, 진정 내가 좋아하는 꿈이 무엇인지 상상하며 또 고민하며 이를 위한 다양한 바탕을 축적하는 일에 시간을 투자해 주기를 부탁합니다.

경성대학교 도시계획학과

도시계획은 산업화의 과정 속에서의 발생한 각종 도시문제들을 해소하고 보다 나은 도시공간의 질서와 체계를 정립하기 위한 학문으로, 21세기를 살아가는 인류의 지속가능하며 행복한 삶을 창안하고 생산하는 미래 산업입니다.

경성대학교 도시계획학과는 도시계획, 도시설계, 스마트시티, 첨단교통, 도시컨설팅, 빅데이터, 도시재생, 공공행정, 도시방재 등의 분야에 특화된 도시전문가를 양성합니다.

본 학과에서 추구하는 인력 양성의 지향점은
첫째, 공학적 능력과 사회과학·인문학적 소양을 갖춘 도시 전문가
둘째, 논리적 분석력과 창의적인 기획력을 보유한 도시 전문가
셋째, 미래 분야들과의 협업 및 리더로서의 자질이 충만한 도시 전문가입니다.
이의 실천을 위해 융합·선도형 교육과정을 운영하고 체계적인 실무 중심의 교육(전문화교육, 캡스톤디자인, PBL 수업 등)에 집중하고 있습니다.

도시계획학과

DEPARTMENT OF URBAN PLANNING AND ENGINEERING

KYUNGSUNG UNIVERSITY

경성대학교 도시계획학과는
인재를 육성합니다!

리더십을 갖춘 인재 | 통합적 역량을 갖춘 인재 | 융합적전문지식을 갖춘 인재

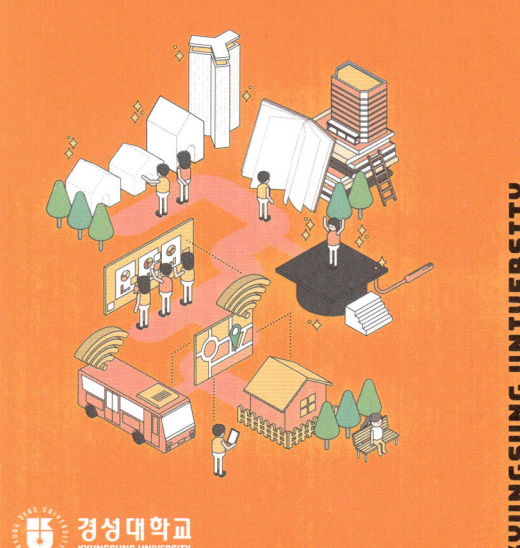

전문가가 소개하는 도시분야 진로탐색

Kwon, Youngsang

권영상 서울대학교 건설환경공학부 교수

주요학력 및 이력
- 서울대학교 박사 (2003)
- 서울대학교 석사 (1998)
- 서울대학교 학사 (1996)
- UC Berkeley 연구교수 (2018)
- 국토연구원 책임연구원 (2005)
- 서울시 도시계획위원 (2023)
- 행정중심복합도시, 부산에코델타시티 등 마스터플랜
- 서울대학교 스마트시티 혁신인재양성사업 책임

<스마트시티 국제컨퍼런스 참여>

<세종시 마스터플랜 참여>

1. 자기소개를 부탁드립니다.

저는 서울대학교 건설환경공학부에서 도시설계, 도시계획을 가르치는 권영상교수입니다. 세종시 등 많은 신도시 마스터플랜에 참여했고, 국가한옥센터장, 스마트시티 연구센터장 등 다양한 연구활동을 했으며, 대통령직 인수위원회, 지자체 도시계획위원회 등 사회에 대한 봉사도 열심히 하려고 노력중입니다. 최근에는 디지털트윈, 가상현실, 인공지능 등의 연구를 많이 진행하고 있으며, 가상현실과 미래도시라는 책을 출간했습니다.

2. 이 직업을 선택하려면 어떤 공부(대학에서의 전공)를 해야 하나요?

전공은 도시공학(도시계획), 건축학, 조경학, 토목공학, 지리학, 경제학 등의 전공을 하면 될 것 같습니다.

3. 이 직업의 장점(좋은 점, 의미있는 점)과 단점(힘든 점)이 궁금합니다!

교수의 좋은 점은 자유롭게 자기가 원하는 일을 할 수 있고, 여행도 많이 다닐 수 있으며, 방학이 있습니다. 돈이 목적이라면 창업이나 대형 연구프로젝트 등을 해서 돈을 많이 벌수도 있고, 정부의 자문역할 등을 통해 사회에도 봉사할 수 있습니다. 단점은 별로 없습니다.

4. 이 직업의 미래 전망을 어떻게 생각하세요?

인공지능이 발전하면서 일반적인 지식전달의 역할은 줄어들고, 새로운 지식창조의 역할은 늘어날 것 같습니다.

5. 이 일을 하기 위해 중,고등학생 때 하면 도움이 되는 공부나 활동이 있을까요?

미술, 지리, 물리, 역사 등의 과목을 수강하면 좋을 듯 합니다. 지역에서 도시관련 세미나에 참여하거나 관련 책을 읽어보는 것, 해외 여행을 추천합니다.

6. 이 직업을 꿈꾸는 청소년들에게 마지막으로 한 말씀을 부탁드립니다!

도시계획은 우리가 사는 삶의 터전을 만드는 일입니다. 매우 흥미롭고 평생을 받쳐볼만 하다고 생각합니다. 멋지게 도전해보세요.

한국일보
"교통·에너지·환경 등 5개 분야 초점 맞춰 스마트시티 인재 배출"

서울대 스마트도시공학 과정

4차 산업혁명의 핵심 플랫폼인 '스마트시티'는 도시에 첨단과학을 접목해 미래도시의 모습을 구체적으로 구현한다. 고부가가치 산업이지만 융복합 전문 인재없이는 설계할 수 없어 지난해 국토교통부와 국토교통과학진흥원은 '스마트시티 혁신인재 육성사업'을 통해 6개 대학의 전문과정을 선정했다.

서울대 건설환경공학부의 스마트도시공학 과정은 그중 하나다. 전통적인 건설환경 분야에 정보통신기술, 빅데이터 분석기술, 인공지능(AI)기술을 접목한 교육과정을 제공한다.

13일 권영상 서울대 건설환경공학부 교수는 "교통·에너지·환경주거 등 다섯 분야에 초점을 맞춰 스마트시티 인재를 배출하고 있다"고 말했다. "환경을 예로 들면예전에는 미세먼지가 어디서 얼마만큼 오는지 몰랐는데 빅데이터 기술이 발전하면서 계산이 가능해졌습니다. 우리가 사는 실제 세계와 가상 세계를 접목시켜 여러 가정들에 미래에 일어날 상황들을 시뮬레이션해 볼 수도 있습니다." 권 교수는 "도시가 복잡하고 다양한 만큼 스마트시티 기술 역시 다양해 특화된 인재가 필요하다"면서도 "융복합의 전문지식이 필요해 전문인력이 모자란 실정"이라고 말했다.

때문에 2019년 2학기에 스마트도시공학과정을 개설한 서울대는 건축학과 컴퓨터공학, 인문·교육학 분야 등 교수진 18명이 참여해 다방면의 지식을 연구하고 실생활에 접목시킬 수 있도록 했다. 소속 학생은 23명이다. 교과과정은 4차산업혁명위원회의 혁신성장동력 추진계획에 맞춘 집중 프로그램으로 설계했다. 과정에는 △스마트건축 △융합서비스(자율주행, 드론, AR/VR) △산업기반(신재생에너지, 블록체인) △지능형인프라(빅데이터, IoT, 인공지능)가 포함됐다.

국토부 스마트시티 혁신성장동력 프로젝트에 참여하는 등 연구와 교육 과정을 연계하고 있다. 특히 서울대가 추진하는 시흥캠퍼스는 국내 최초로 조성형 스마트캠퍼스다. 이곳 미래모 빌리티기술센터(Future Mobility Tech Center·FMTC)에서는 자율주행 등 스마트시티의 기반기술이 될 수 있는 단지가 조성 중이고 FMTC 내 등 13개 기업과의 4,500억원대 협력이 구축될 예정이다.

해외 대학과의 공동 교육 프로그램 행한다. 조지아 공대 등 26개의 공동학위 과정이 체결돼 있고, 청화대와 함께 '글로벌 창의적 제품 정규 교과목으로 운영한다. 권 교수 시 건설 등 경험으로 국제 경쟁력을 울대가 스마트도시공학 과정이 가를 배출하는 데 앞장서겠다"고

https://www.hankookilbo.com/News/Read/202004131517025019

Kim, Minjae

김민재 인제대학교 건축학과 교수

주요학력 및 이력
- 서울대학교 환경대학 도시계획학 박사 (2018)
- 서울대학교 환경대학원 도시계획학 석사 (2015)
- 한국건설기술연구원 객원수석연구원 (2017~2018)
- 인제대학교 조교수 (2020~현재)

1. 자기소개를 부탁드립니다.

저는 도시계획학 박사를 취득하고 인제대학교 건축학과 조교수로 재직 중인 김민재라고 합니다.
저는 대학원에서는 지역경제를 주로 연구하면서 비용편익분석 등에 관심을 가졌었고, 도시재생과 스마트도시에 관심을 갖고 연구 중입니다.
현재는 물류 시스템과 도시설계에 대해 공부 중입니다. 저희 대학에 새롭게 스마트물류학과를 신설했고 제가 책임교수를 맡고 있는데 내년부터는 스마트물류학과에서 근무하게 되어 있는 상황입니다.

2. 이 직업을 선택하려면 어떤 공부(대학에서의 전공)를 해야 하나요?

저는 학부에서는 건축학(건축설계)을 전공했습니다. 이후 건설회사에서 현장 실무를 했고, 이후 대학원에서 도시계획을 전공했습니다. 지나고 보니 도시계획가에게 건축적 사고와 디자인 역량, 현장에서 실무경험이 매우 중요하다는 것을 깨달았습니다.
필수는 아니지만 장래 도시계획가를 꿈꾸는 학생이라면 건축적 사고와 디자인 역량, 현장에서의 경험을 염두에 두고 커리어 설계를 했으면 좋겠습니다.

3. 이 직업의 장점(좋은 점, 의미있는 점)과 단점(힘든 점)이 궁금합니다!

도시계획이라는 분야는 무에서 유를 만드는 과정이라고 생각합니다. 창조의 고통이 따릅니다. 또한 기존 물리적 공간을 고도화하는 과정에서는 다양한 협의와 조정의 역할을 감당해야 합니다. 최근에는 스마트도시로 대변되는 공간의 변화로 전통적인 계획 역량 뿐 아니라 다양한 기술에 대한 이해도도 높여야 합니다.
이 모든 부분이 장점이자 단점이라 생각됩니다. 사람들이 살아가는 공간이 도시기 때문에 모든 학문의 결과물이 도시에서 운용되고 있습니다. 그런 도시를 창조하는 점에서 의미와 뿌듯함이 있지만, 그러기에 많은 공부와 노력이 필요하든 점 또한 어려운 점이라 생각됩니다.

4. 이 직업의 미래 전망을 어떻게 생각하세요?

최근 스마트도시는 전 세계적으로 중요한 화두가 되어 있습니다. 저는 최근 스마트도시의 선도 사례로 늘 언급되는 핀란드와 에스토니아 출장을 다녀왔는데, 계획가의 역할이 점점 더 중요해지고 있음을 봤습니다. 이어 다녀온 싱가포르에서도 도시계획 전문기관인 URA의 역할과 그 속에서 활약하는 전문가들의 역할을 목도했습니다.
우리나라는 전 세계적인 스마트도시, 도시개발 분야의 선도 국가입니다. 국내 뿐 아니라 세계 시장에서 계획가의 역할은 점점 더 커질 것이라 생각합니다.

5. 이 일을 하기 위해 중,고등학생 때 하면 도움이 되는 공부나 활동이 있을까요?

다른 공부나 활동 보다, 많은 곳을 여행하고 많은 책을 읽고, 많은 사람을 만나라고 권하고 싶습니다. 앞서 언급했듯이 계획가는 창조적 역할, 조정과 중재의 역할을 모두 감당해야 합니다. 새롭게 바뀌는 트렌드에도 민감해야 합니다. 이는 다양한 경험을 통해서만 축적할 수 있습니다. 책과 현장에서 많은 경험을 축적하기 바랍니다.

6. 이 직업을 꿈꾸는 청소년들에게 마지막으로 한 말씀을 부탁드립니다!

계획가는 보람있는 직업입니다. 우리와 우리 후손이 살게 될 공간을 만드는 작업입니다. 힘든 만큼 그 성취감이 높은 직업이니만큼 많은 관심을 가져주길 당부합니다.

Kim, Saehoon

김세훈 서울대학교 환경대학원 교수

주요학력 및 이력
- 미국 하버드대학교 박사 (2012)
- 미국 하버드대학교 석사 (2009)
- 서울대학교 건축학과 학사 (2001)
- 대통령소속 국가건축정책위원회 (2023~25)
- 서울대학교 뉴노멀도시디자인센터 센터장 (2022~현재)

전문가가
소개하는
도시분야
진로탐색

1. 자기소개를 부탁드립니다.

저는 서울대학교 환경대학원 도시설계 전공 교수인 김세훈입니다. 저희 연구실에서는 "좋은 도시란 무엇인가?"라는 질문을 던집니다. 도시의 영향력은 갈수록 확대되고 있지만 더 나은 삶터와 일터로 거듭나기 위해 많은 노력이 필요합니다. 저와 연구원들은 도시공간 디자인, 도시빅데이터 분석, 현장밀착형 인터뷰, 제도연구 및 컨설팅 등을 수행하고 있습니다.

2. 이 직업을 선택하려면 어떤 공부(대학에서의 전공)를 해야 하나요?

도시와 사람 관련 분야라면 사실 어떤 전공이든 괜찮습니다. 건축, 조경, 도시공학, 교통, 환경, 지리, 공간디자인, 법/정책, 보건 등 많은 분야의 전공자가 지금 도시설계 전문가로서 실무와 연구를 하고 있습니다.

3. 이 직업의 장점(좋은 점, 의미있는 점)과 단점(힘든 점)이 궁금합니다!

우리가 많은 시간을 보내는 일상의 장소인 도시를 탐구한다는 점이 가장 큰 장점입니다. 눈에 보이지 않은 차원이 아닌, 주거, 업무, 소비, 여가활동을 하는 공간 자체와 그 시스템을 주로 탐구합니다. 그래서 익숙하면서도 새롭습니다. 도시설계를 통해 조금씩 바뀌는 장소와 사람을 보며 보람을 느끼기도 합니다. 물론 이해관계자가 많은 만큼 계획방향에 대한 합의를 이끌어내고 공공투자 결정에 이르기까지 어려움이 있을 때도 있지요.

4. 이 직업의 미래 전망을 어떻게 생각하세요?

도시설계를 통해 영향을 줄 수 있는 미래 분야는 무궁무진합니다. 결국 기술, 문화, 유행, 플랫폼이 물리적으로 실현되는 최정점에 도시가 있기 때문입니다. 지금 시대의 화두인 기후변화, 인구감소, 저성장시대 등도 도시공간의 창의적 이용과 밀접한 관계를 갖습니다. 도시설계라는 직업은 미래 산업과 삶을 포괄하는 사회적 코디네이터 역할입니다.

5. 이 일을 하기 위해 중,고등학생 때 하면 도움이 되는 공부나 활동이 있을까요?

학생이 거주하는 지역에서부터 장소와 사람에 대한 관심을 키워가면 좋겠습니다. 예를 들어 학교 근처에 좋은 공원이 어디있을까, 내가 사는 아파트단지의 사람들은 주로 어디에서 소비를 할까, 횡단보도와 버스정류장을 어떻게 바꾸면 더 안전할까 같은 호기심이 씨앗이 됩니다. 나중에 더 큰 학술적 성과와 디자인의 원동력으로 자랄 수 있죠.

6. 이 직업을 꿈꾸는 청소년들에게 마지막으로 한 말씀을 부탁드립니다!

도시설계 교수라는 직업은 사회적 수요에 발맞추어 할 일이 많습니다. 도시와 사람에 대한 열정을 잘 키워가시길 바랍니다.

Kim, Youngsuk

김영석 건국대학교 건축대학 건축학부 교수

주요학력 및 이력
- 서울대학교 도시공학과 학사 (1994)
- 서울대학교 도시설계 석사 (1998)
- 하버드대학교 도시계획 석사 (2000)
- 샘슈워츠사 수석 도시설계사 (2005~2011)
- 용산공원 건축분야 Master Planner
- 행정중심복합도시 도시문화상업가로 Master Architect
- 건국대학교 건축대학 건축학부 부교수 (2011~현재)

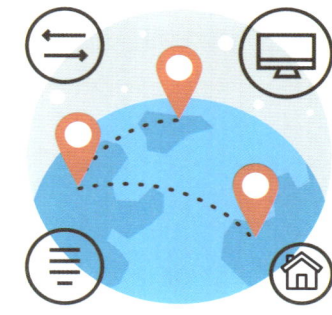

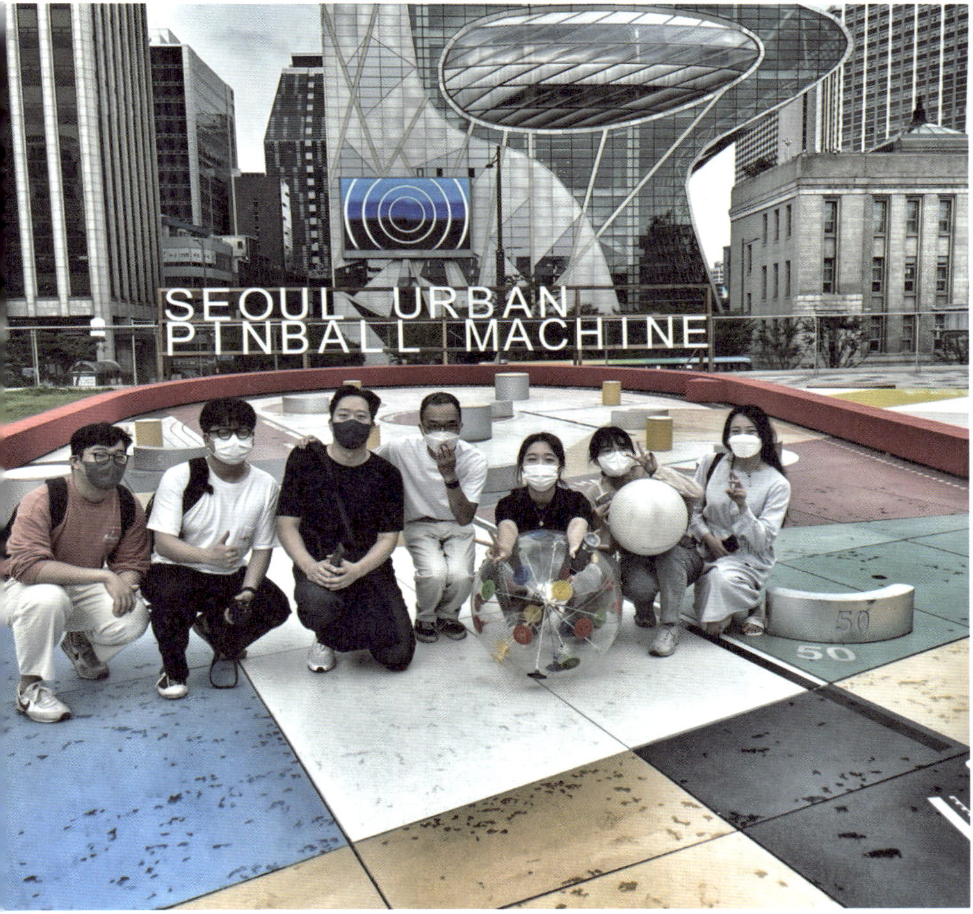
SEOUL URBAN
PINBALL MACHINE
50
50

1. 자기소개를 부탁드립니다.

안녕하세요, 저는 서울대학교와 하버드대학교에서 도시설계와 계획을 공부하고 미국에서 실무를 거쳐서 지금 건국대학교 건축대학 건축학부에서 도시와 건축의 간극을 메꾸기 위한 연구를 하고있습니다.

2. 이 직업을 선택하려면 어떤 공부(대학에서의 전공)를 해야 하나요?

도시에 있어서는 다양한 방향성이 있기 때문에 폭넓게 공부하는 것이 중요할 것 같습니다. 만약 실제적인 설계를 중심으로 하는 도시설계를 하고 싶다면 건축이나 조경, 도시를 미리 전공하는 것도 좋을 것 같습니다.

3. 이 직업의 장점(좋은 점, 의미있는 점)과 단점(힘든 점)이 궁금합니다!

방향성이 다양한 만큼 사회의 여러 방면에서 의미있는 일들을 할 수 있습니다. 하지만 자신의 분야에 대한 깊이가 부족할 수 도 있을 것 같습니다. 또 정해진 길만 갈 수 있는 것은 아니기 때문에 자신의 진로를 위해 경제학이나 정치학, 또는 부동산학을 더 공부해야 할 지도 모르겠습니다. 이런 점들이 힘들 수 있을 것 같아요.

4. 이 직업의 미래 전망을 어떻게 생각하세요?

인류의 ¾ 이상이 도시에 살아가면서 인간의 모든 문제는 도시와의 연관성을 끊을 수 없을 것 같습니다. 여러 도시의 분야중에 어떤 분야가 자신에 맞는 지를 생각한다면 미래에 큰 의미있는 직업을 가질 수 있을 것이라 생각합니다.

5. 이 일을 하기 위해 중,고등학생 때 하면 도움이 되는 공부나 활동이 있을까요?

다시 말하지만 도시란 분야는 굉장히 넓은 소분야들을 포함하고 있습니다. 여러 분야들 중에 스스로 관심을 가지는 분야에 조금 더 깊이, 다른 분야들은 폭 넓게 공부하는 것이 좋을 것 같습니다.

6. 이 직업을 꿈꾸는 청소년들에게 마지막으로 한 말씀을 부탁드립니다!

도시라는 학문은 특정한 클라이언트가 있지 않고 일반 대중과 우리 이웃들을 생각하면서 계획하고 설계한다는 점이 가장 의미있는 일인 것 같습니다. 사회적 이슈가 있을 때마다 다른 사람의 입장에서 그 문제를 이해하도록 노력한다면 훌륭한 도시전문가가 될 수 있을 것 같습니다.

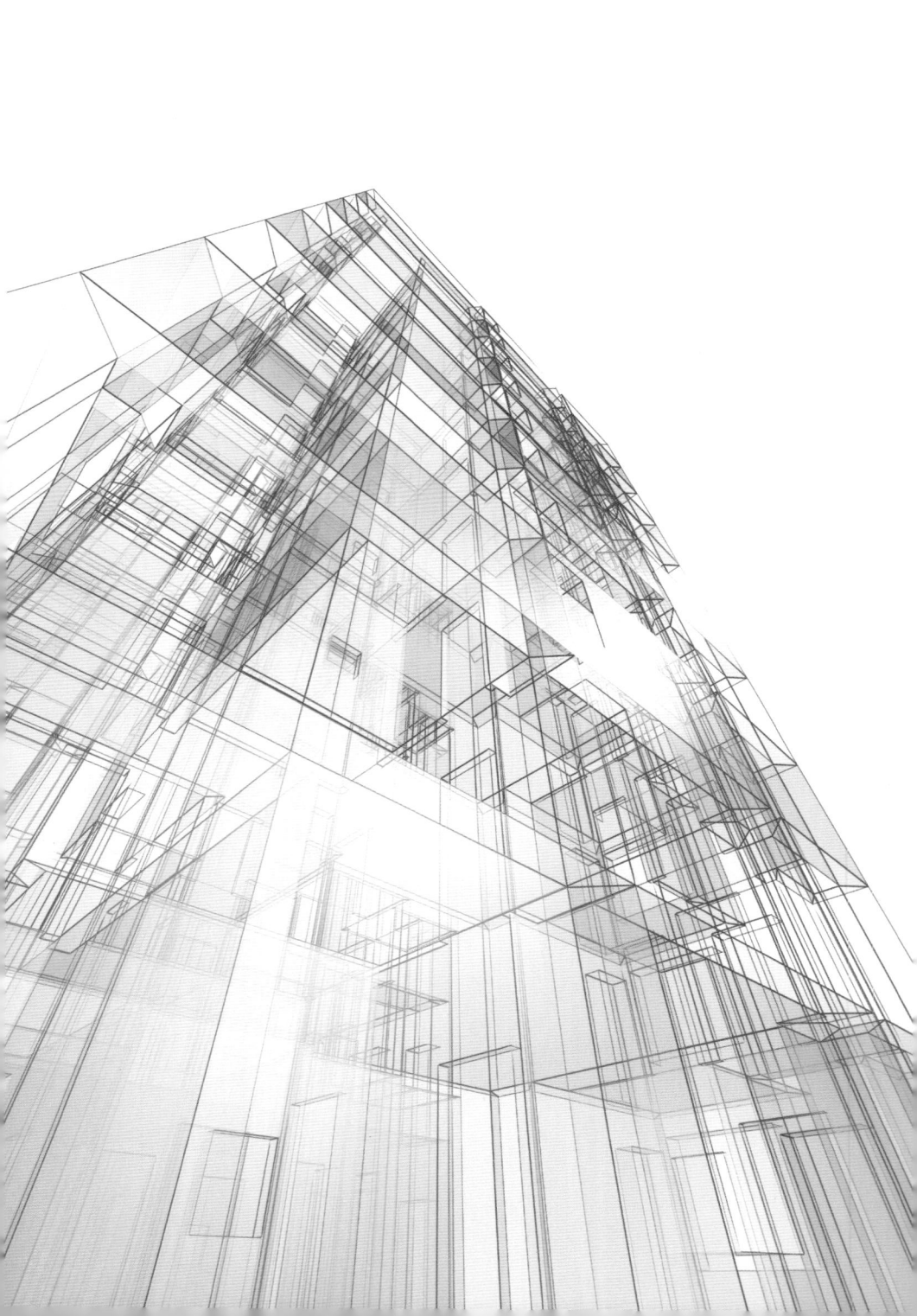

Kim, Taehyeong

김태형   서울대학교 환경대학원 교수

주요학력 및 이력

- 고려대학교 지리교육과 문학사
- 서울대학교 환경대학원 도시계획학 석사
- 조지아텍 건축대학 도시 및 지역계획학 박사
- 서울대학교 환경계획학과 조교수, 부교수 (2015~)
- 킹파드석유광물대 도시 및 지역계획학과 조교수 (2014~2015)

1. 자기소개를 부탁드립니다.

서울대학교 환경대학원 부교수이고 환경계획학과 학과장을 맡고 있습니다. 협동과정 조경학 융합전공 지역 공간분석학에서 겸무를 맡고 있고, 환경계획융복합연구실 지도교수입니다.

2. 이 직업을 선택하려면 어떤 공부(대학에서의 전공)를 해야 하나요?

도시공학, 도시계획학, 건축학, 행정학, 지리학, 사회학, 경제학, 법학, 심리학, 환경공학 및 과학 대기과학, 교통학 등 도시와 지역에서 발생하는 문제를 해결하는 사회 및 자연과학 응용 분야와 밀접한 관련이 있습니다.

3. 이 직업의 장점(좋은 점, 의미있는 점)과 단점(힘든 점)이 궁금합니다!

주거, 부동산, 교통, 도시재생 등 한국 사회에서 자주 등장하는 문제를 직접적으로 해결하는 분야로서 보람이 상당합니다. 반대로 문제에 대한 답이 정해진 것이 없고 또한 경우에 따라 좋은 문제를 발견하고 정의하는 것이 많은 노력과 통찰력을 필요로 합니다.

4. 이 직업의 미래 전망을 어떻게 생각하세요?

매우 밝습니다 우리 분야는 AI가 대신하기 어려운 영역입니다 최적의 대안이 수학이나 통계적으로 결정되지 않고 시민과 커뮤니티의 수용성에 달려 있기 때문입니다 정부, 기업, 시민과 소통하는 과정에서 전문성이 계발되고 또한 같은 문제가 시간과 공간에 따라 달라지므로 상당한 전문성을 요합니다.

5. 이 일을 하기 위해 중,고등학생 때 하면 도움이 되는 공부나 활동이 있을까요?

문제 분석에 수리적 능력이 필요하고 또한 많은 사람과 대화하고 설득하는 과정이 중요하므로 커뮤니케이션 능력을 배양하는 클럽 활동이 도움이 됩니다.

6. 이 직업을 꿈꾸는 청소년들에게 마지막으로 한 말씀을 부탁드립니다!

적극성이 필요할 때도, 많은 시간을 분석과 아이디어 발굴에 사용해야 하는 경우도 있습니다. 다양한 경험을 쌓기 위해 노력하시기 바랍니다.

Kim, Hyunjung

김현정   한동대학교 창의융합교육원 조교수

주요학력 및 이력

- The University of Tokyo 공학계연구과 도시공학전공 박사 (2015)
- 서울대학교 일반대학원 건설환경공학부 도시계획 석사 (2012)
- 한동대학교 경제, 경영, 도시환경공학 학사 (2010)
- 서울대학교 연구교수 (2022)
- Esri Korea, Manager (2017)

<팀 지도 학생들과 함께 벚꽃 사진>

<해외 학회 발표>

1. 자기소개를 부탁드립니다.

안녕하세요? 저는 한동대학교 창의융합교육원의 김현정 교수입니다. 저는 학부에서 경제학과 경영학, 도시환경공학을 공부하였고, 이후 대학원 과정에서 도시 경제학 이론 기반을 토대로, 데이터 기반의 여러 가지 실증 분석을 수행하였습니다. 이후, 글로벌 GIS기업인 ESRI에서 공간정보 기반의 스마트 시티를 구축하는 솔루션 엔지니어로서 여러 가지 국내외 사례들을 다루었고 이후 서울 시립대학교와 서울대학교에서 스마트시티와 관련한 여러 가지 강의와 연구를 수행하였습니다. 현재는 한동대학교 창의융합교육원의 전임 교수로서 여러 분야와 융합할 수 있는 다학제적인 도시공학 분야를 지속하여 연구하고 있습니다.

2. 이 직업을 선택하려면 어떤 공부(대학에서의 전공)를 해야 하나요?

도시공학 전공 교수로의 진로를 향해 나아가기 위해서는 몇 가지 핵심적인 준비가 필요합니다. 먼저, 다학제적인 도시공학 분야의 특성상 기본적인 이론적 배경을 구축하기 위해 학문적 탐구를 꾸준히 추구해야 합니다. 이론적인 지식은 물론 실무적인 능력을 키우기 위해 학사, 석사 및 박사 학위를 취득하여 전문성을 견고히 다지는 것 또한 중요합니다.

뿐만 아니라, 연구 경험 또한 중요한 역할을 합니다. 실제 도시 문제에 대한 해결 능력을 갖추기 위해 연구 프로젝트나 인턴십을 통해 실무적인 경험을 쌓는 것이 도움이 될 것입니다. 업계 네트워킹 역시 지치지 않는 노력이 필요한 부분입니다. 도시공학 분야의 전문가들과 연결하여 업계의 최신 동향을 파악하고 현장 문제에 대한 실제 통찰력을 얻는 것은 교육과 연구에 큰 도움이 될 것입니다. 또한, 출판 및 학회 발표를 통해 연구 결과와 아이디어를 공유함으로써 학문적 영향력을 확장시킬 수 있습니다.

마지막으로, 도시공학 분야의 변화와 발전을 따라가기 위해서는 지속적인 학습의 중요성을 간과해서는 안됩니다. 분야가 끊임없이 진화하므로 최신 동향을 습득하고 자기 계발에 노력하는 것이 필수적입니다.

3. 이 직업의 장점(좋은 점, 의미있는 점)과 단점(힘든 점)이 궁금합니다!

교수로서의 직업은 다양한 장점을 가지고 있습니다. 먼저, 학생들에게 도시공학 분야의 지식과 역량을 전달하는 역할을 수행함으로써 새로운 세대의 엔지니어 및 연구자들을 양성하고 분야의 발전에 기여할 수 있습니다. 또한, 연구 및 강의 준비를 통해 지속적으로 학습하고 성장할 수 있는 기회를 제공받습니다. 도시공학 분야의 최신 동향을 따라가며 연구를 진행하고 새로운 아이디어를 탐구함으로써 학문적으로 더욱 성장할 수 있습니다. 또한, 다양한 분야와의 융합이 필요한 도시공학은 다른 학문 분야 및 업계 전문가들과의 협력과 교류를 통해 창의적인 문제 해결에 도전할 수 있는 기회를 제공합니다. 그러나 이 직업은 몇 가지 어려움과 단점도 함께 가지고 있습니다. 우선, 다양한 업무들을 효과적으로 수행하기 위해서는 많은 시간과 노력이 필요합니다. 강의 준비, 학생 상담, 연구 등 다양한 업무에 대한 책임을 효율적으로 분배하는 것이 중요합니다. 또한, 지속적으로 연구 성과를 배출해야 한다는 부담 또한 있습니다. 그러나, 이러한 부담 또한 개인과 학계의 성장을 위한 장점이라고 생각하고 있습니다.

4. 이 직업의 미래 전망을 어떻게 생각하세요?

도시공학 교수로서의 직업은 미래에도 그 중요성을 유지할 것으로 전망됩니다. 도시화가 계속 진행되면서 도시 관련 문제들은 더욱 복잡해지고 다양해질 것으로 예상됩니다. 이에 따라 도시공학 분야는 지속적인 연구와 혁신이 필요한 분야로 남아있을 것입니다. 또한, 지속 가능성과 스마트 시티 등 새로운 개념과 기술이 도시공학에 영향을 미치고 있어, 이러한 변화에 대응하고 적극적으로 수용하며 발전할 준비가 필요합니다. 미래에는 더욱 다양한 학문 분야와의 융합이 요구될 것으로 예상되며, 이에 대한 학문적 지식과 협력 능력을 키우는 것이 중요할 것입니다.

5. 이 일을 하기 위해 중,고등학생 때 하면 도움이 되는 공부나 활동이 있을까요?

도시와 관련된 동아리 활동이나 대회에 참여하는 것을 추천 드립니다. 이를 통해 현실적인 문제에 대한 해결 방안을 모색하고 팀원들과의 협력 능력을 키울 수 있습니다. 이러한 경험들은 미래에 도시공학 분야에서 실제적인 이해와 역량을 기를 수 있는 중요한 자산이 될 것입니다.

6. 이 직업을 꿈꾸는 청소년들에게 마지막으로 한 말씀을 부탁드립니다!

도시공학은 미래 도시의 모습을 형성하고 변화시키는 중요한 분야입니다. 여러분은 도시의 발전과 함께 성장하는 도구가 될 수 있습니다. 끊임없는 호기심과 열정을 가지고 꾸준히 공부하여 전문성을 키우세요. 협력과 창의력을 발휘하여 다양한 분야와 협업하며 도시 문제를 해결하는 데 도전하세요. 이 직업을 꿈꾸는 여러분을 응원하며 미래의 도시공학 전문가로서의 성공을 기대하고 있습니다. 화이팅!

Kim, Hwanyong

김환용 한양대학교 에리카 건축학부 교수

주요학력 및 이력
- Texas A&M 대학교 박사 (2013)
- Univ. of Texas, Austin 석사 (2008)
- 한양대학교 석사 (2004)
- 중앙대학교 학사 (2002)
- 한양대학교 에리카 대외협력실장 (2023~)
- 한양대학교 에리카 건축학부 교수 (2020~)
- 태국 Thammasat 대학교 리서치펠로우 (2020~)
- 인천대학교 도시건축학부 교수 (2015~2020)
- 구월2지구, GTX-B 환승센터 등 총괄계획가

<광명역세권 종합발전계획 마스터플랜 이미지>

1. 자기소개를 부탁드립니다.

저는 한양대학교 에리카 건축학부에서 도시설계를 가르치고 있는 김환용 교수입니다. 도시를 디자인하는데 있어 직관이나 주관에 의한 결과물이 아닌 실증기반 의사결정 프로세스에 대한 관심이 많습니다. 지리정보시스템 및 공간데이터를 활용한 도시계획 효용성 검토를 통해 도시 구축과정에서 지향점을 검증할 수 있는 방안에 대한 다양한 연구를 수행하고 있습니다.

2. 이 직업을 선택하려면 어떤 공부(대학에서의 전공)를 해야 하나요?

도시가 갖는 다학제적 특징을 볼 때 유관 전공은 전반적으로 괜찮습니다. 건축, 조경, 도시, 환경, 경제, 지리, 정책 등 다양한 분야의 공부가 필요한 분야라 생각됩니다. 북미와 같은 경우 도시계획이 professional degree에 가까워 학부에서 서로 다른 전공을 공부한 학생들이 진학하는 분야이기도 합니다.

3. 이 직업의 장점(좋은 점, 의미있는 점)과 단점(힘든 점)이 궁금합니다!

도시계획(설계)가의 가장 큰 장점은 도시라는 다양성이 풍부한 분야를 공부하고 실현시킨다는 점입니다. 물리적 공간뿐만 아니라 도시를 구성하는 여러 가지 시스템에 대한 학습을 통해 장소에 대한 의미를 구현한다는 점이 아마도 이 분야의 가장 매력적인 부분이라 생각됩니다. 다만, 다양성 측면에서 많은 부분에 대한 관심과 공부가 지속적으로 필요하겠지요.

4. 이 직업의 미래 전망을 어떻게 생각하세요?

최근 인공지능의 등장으로 설계 및 계획분야에 대한 여러 이슈가 제기되고 있지만 도시 분야는 사람이 사는 터를 만든다는 관점에서 많은 미래 가능성이 높을 것으로 생각됩니다. 인간이 도시에서 만들어내는 문제의 대부분은 결국 인간에 의해 해결될 수밖에 없을 테니까요.

5. 이 일을 하기 위해 중,고등학생 때 하면 도움이 되는 공부나 활동이 있을까요?

공부를 위해 학업에 열중하는 것도 중요하지만 교외 활동도 중요할거라 생각됩니다. 경험이 중요한 분야인 만큼 새로운 것에 대한 체험을 통해 이해의 폭을 넓힐 수 있는 노력이 중요합니다. 도시는 하나의 결과물이 아닌 만들어가는 과정이기에 많은 분야와의 협업이 매우 중요합니다. 따라서 시대적, 환경적, 문화적, 사회적 변화를 두려워말고 포용할 수 있는 자세가 필요합니다.

6. 이 직업을 꿈꾸는 청소년들에게 마지막으로 한 말씀을 부탁드립니다!

사람이 사는 터전을 만든다는 직업은 생각보다 보람되고 의미 있는 일입니다. 본인이 살고 있는 환경에 대해 적극적인 관심을 갖고 능동적으로 사고하고 행동할 수 있는 사람이 되길 당부합니다.

Kim, Hyungkyoo

김형규 홍익대학교 도시공학과 교수

주요학력 및 이력
- 미국 UC버클리 도시계획학박사 (2014)
- 서울대학교 지구환경시스템공학부 석사 (2005)
- 미국 일리노이대학교 도시계획학석사 (2004)
- 서울대학교 건축학과 학사 (2002)
- 홍익대학교 도시공학과 교수 (2015~현재)
- Singapore University of Technology & Design 연구위원 (2014~2016)
- 삼성물산 건설부문 대리 (2005~2009)

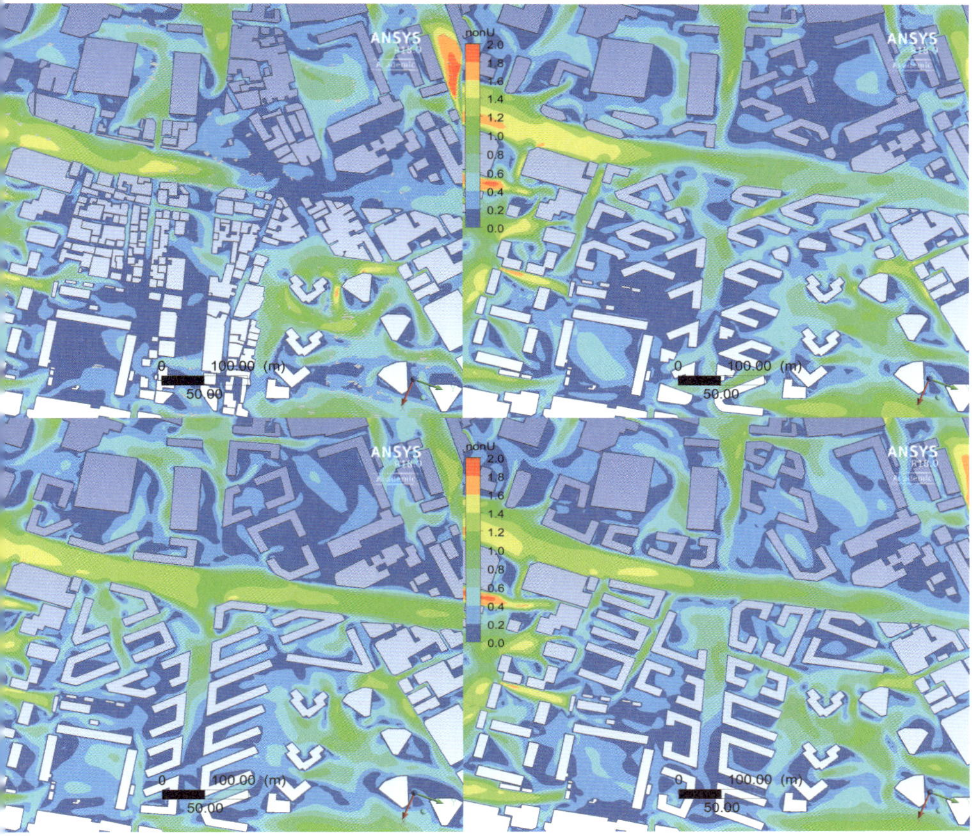

1. 자기소개를 부탁드립니다.

홍익대학교 도시공학과에서 교수로 재직하고 있는 김형규라고 합니다. 전 지구적인 당면과제로 부상한 기후변화에 적응할 수 있는 도시를 만들고 가꾸어나가는 방법에 관한 연구를 주로 하고 있습니다. 다양한 분야의 전문가 및 학생들과 교류하고 협력하는 것을 좋아합니다. 정부 및 공공기관에서 발주한 도시 분야의 다양한 연구프로젝트를 수행해오고 있고, 관심사와 관련된 다수의 학술논문을 국내외 우수 학술지에 게재하고 있습니다.

2. 이 직업을 선택하려면 어떤 공부(대학에서의 전공)를 해야 하나요?

도시분야의 전문가가 되기 위해서는 대학에서 도시계획, 건축, 조경 분야 중 하나의 전공을 선택하는 시작하는 것이 좋습니다. 워낙 복합학문적인 성격이 강하고 전문화된 지식과 스킬이 필요하므로, 복수전공을 하거나 이후 대학원에 진학하여 나머지 분야를 공부하는 것을 권장합니다. 또한, 경제학, 사회학, 지리학, 데이터사이언스 등에 대한 관심과 기본적인 지식을 갖고 있으면 매우 유리합니다

3. 이 직업의 장점(좋은 점, 의미있는 점)과 단점(힘든 점)이 궁금합니다!

시민의 생활터전인 도시를 만들고 가꿔나가는 것 자체가 이 직업의 장점이라고 생각합니다. 연구 및 각종 활동을 통해 보다 살기 좋은 도시에 대해 고민하고, 도시가 가진 문제점을 해결해 나가고, 우리 사회가 직면한 다양한 과제들에 대한 해결방안을 제시하는 활동을 통해서 많은 보람을 느낍니다. 간혹 첨예한 갈등 관계가 존재할 경우 명확한 해결책을 제시하기 어렵고, 도시문제라는 것이 단기간 내에 해결되기 어렵다는 점이 힘든 점이지만, 그 자체가 주는 매력도 있습니다.

4. 이 직업의 미래 전망을 어떻게 생각하세요?

도시를 만드는 직업은 인류가 정착생활을 하기 시작한 이후 계속해서 존재해왔고, 이 세상에 지구가 존재하는 한 도시설계가라는 직업은 계속 존재할 것입니다. 큰 유행을 타지 않기에 화려해보이지 않을 수 있지만, 항상 필요한 그러한 소중한 직업입니다.

5. 이 일을 하기 위해 중,고등학생 때 하면 도움이 되는 공부나 활동이 있을까요?

내가 사는 공간에 대한 관심을 갖고 다양한 도시공간을 폭넓게 경험해보는 것이 중요합니다. 기억에 오래 남는 도시공간이 있거나 좋은 인상을 받지 못한 도시공간이 있다면, 각각 어떠한 이유로 그러한지에 대해 고민해보는 습관을 기르는 것도 좋습니다.

6. 이 직업을 꿈꾸는 청소년들에게 마지막으로 한 말씀을 부탁드립니다!

세상에 다양한 직업이 있지만, 도시를 만들고 가꾸는 일이 주는 매력과 보람은 다른 직업과 분명 다릅니다. 도시공간에 대한 관심이 조금이라도 있다면 고려해보길 권합니다.

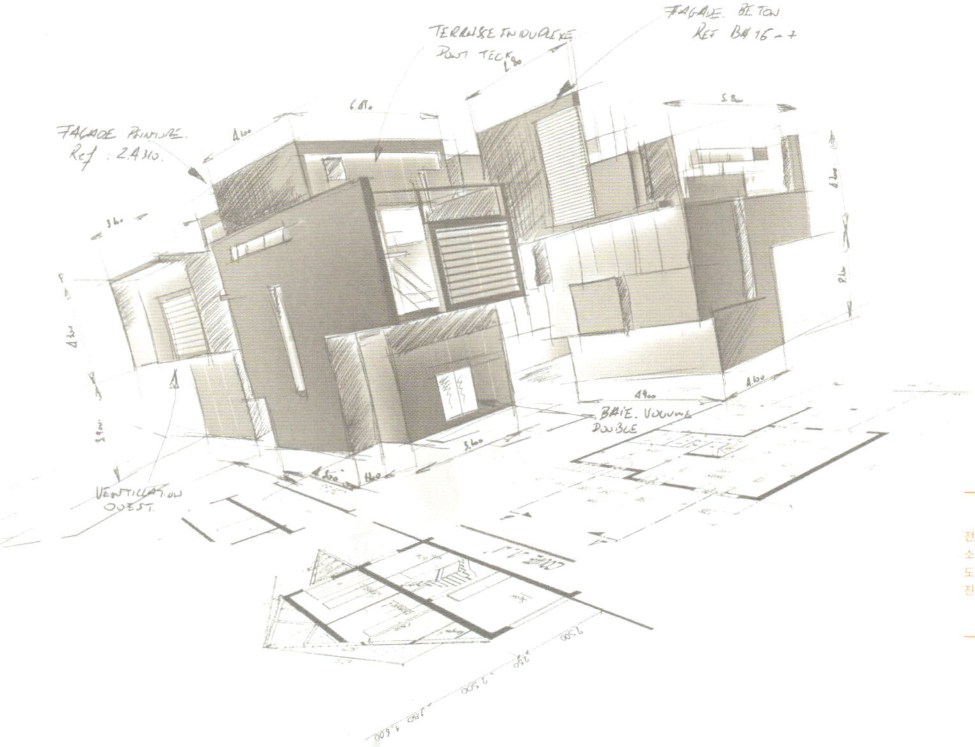

Ryu, Youngguk

류영국   지오시티(주) 대표

주요학력 및 이력
- 지식나눔센터장
- 전남대학교 대학원 공학박사(1992)
- 광주광역시 도시계획상임기획단(1991~2001)

http://www.kjdaily.com/read.php?aid=1552557124464473062

1. 자기소개를 부탁드립니다.

1979. 전남대학교 공과대학 건축공학과에 입학하여 1980년 5월을 몸으로 느끼며 도시계획에 관심을 갖고 사회과학대학의 지역개발학과에서 도시계획을 함께 수강하며 도시에 관심을 갖게 되었습니다. 1991년 광주광역시 도시계획상임기획단에 단장으로 임용되어 행정에 전문적인 연구를 결합하고, 도시계획 행정에 대한 연구와 실무에 대한 이해를 높이게 되었습니다. 2001년 지오시티(주) 설립하고 현재까지(23년간) GIS를 기반으로 한 도시계획으로 광주전남의 선두기업의 대표이사로 활동하고 있습니다.

2. 이 직업을 선택하려면 어떤 공부(대학에서의 전공)를 해야 하나요?

건축, 도시, 교통, 환경, 조경 등 여러 분야에 대한 종합적인 이해력과 조정력을 갖추어야 할 것으로 판단되며, 주민이나 시민들의 트렌드 파악과 미래비전 제시, 데이터에 기반한 통계학, 공간분석에 활용되는 GIS 등 공부해두면 도시계획의 과학화에 한 걸음 더 나아가게 될 것입니다.

3. 이 직업의 장점(좋은 점, 의미있는 점)과 단점(힘든 점)이 궁금합니다!

부동산에 대한 정보를 이해하고 있어 부동산을 통한 이익을 도모할 수 있을 뿐 아니라 손해를 예방할 수 있으므로 재태크에도 크게 도움이 됩니다. 지속적인 사회이슈와 다양한 분야의 트렌드와 주민들의 요구에 관심을 가져야 하는 등 지속적인 공부와 학습이 필요한 것이 어려운 점이라 할 수 있습니다.

4. 이 직업의 미래 전망을 어떻게 생각하세요?

융·복합학문이며 때로는 협상과 타협, 미적인 감각 디자인, 개성의 추구 등으로 AI 시대에도 일정부분 인간의 영역으로 지속될 수 있을 것입니다.

5. 이 일을 하기 위해 중,고등학생 때 하면 도움이 되는 공부나 활동이 있을까요?

내가 사는 동네의 자원을 조사하고, 문제점을 파악하고, 해결방법을 찾아내는 마을계획이 중·고학생들의 교과목(사회, 지리 등)으로 공부할 수 있었으면 좋겠습니다.

Park, Taewon

박태원 광운대학교 도시계획부동산학과 정교수

주요학력 - 서울대학교 박사 (2004)
및 이력   - 서울대학교 석사 (1998)
         - 현)서울시 도시계획위원회 위원
         - 현)한국도시설계학회 수석부회장

144
145

전문가가
소개하는
도시분야
진로탐색

https://magazine.hankyung.com/job-joy/article/202310032181d

1. 자기소개를 부탁드립니다.

광운대학교 도시계획부동산학과에 재직 중인 박태원 교수입니다. 도시계획과 도시설계를 전공하고, 민간기업인 서울건축, 연구분야인 서울대 환경계획연구소, 공기업인 한국관광공사에서 관광레저 기업도시조성사업 등 참여하여 실무경력을 쌓고, 2008년부터 15년 간 광운대학교에서 도시계획과 부동산 분야를 가르치고 있습니다. 현재 (사)한국도시설계학회에서 수석부회장을 수행하면서 사회에 봉사하고 있습니다.

2. 이 직업을 선택하려면 어떤 공부(대학에서의 전공)를 해야 하나요?

도시계획전문가는 민간기업과 공기업에 걸쳐 폭넓게 직업선택이 가능하며, 학부에서는 도시관련학과(도시공학, 도시계획, 건축 등)에서 도시분야를 전공한후에 도시전문가로 민간기업 또는 공기업에 취업을 하는 것이 일반적입니다. 또한 국내외 대학원 석박사과정을 거쳐 각종 공공부문 연구소에서 전문 연구원으로 근무하거나, 대학에서 교수로서 근무하는 기회를 가질 수도 있어, 직업선택의 폭이 매우 넓은 분야라고 할 수 있습니다. 최근 들어, 4차산업혁명 시대 스마트시티 분야와 프롭테크 분야로 새로운 직업 선택도 가능합니다.

3. 이 직업의 장점(좋은 점, 의미있는 점)과 단점(힘든 점)이 궁금합니다!

도시전문가는 우리가 살고 있는 집과 도시와 같은 생활환경을 만들어내는 분야로서 인간이 살아갈 삶의 터전을 조성하는 전문분야로서 자부심을 갖을 수 있는 장점이 있습니다. 최근 들어 기후 온난화 시대에 우리 도시환경을 지켜낼 수 있는 사회적 의미와 역할의 중요성도 느낄 수 있는 전문분야입니다.

4. 이 직업의 미래 전망을 어떻게 생각하세요?

'신은 인간을 만들고, 인간은 도시를 만들었다'라는 유명한 문구처럼 사람들은 도시에서의 생활이 더욱 많아질 것입니다. 도시는 사람들이 지속적으로 모여드는 곳이며, 새로운 기술혁신이 적용되는 곳입니다. 기술혁신에 따라 도시는 더욱 고도로 발전되며, 새로운 기술을 바탕으로한 산업과 직업을 창출하는 파급효과가 높은 곳이다. 도시전문가는 날로 발전하고 복잡해지는 도시로 인해 전문적 수요는 더욱 증가될 분야로서 미래전망이 매우 밝다고 할 수 있습니다.

5. 이 일을 하기 위해 중,고등학생 때 하면 도움이 되는 공부나 활동이 있을까요?

제일 중요한 것은 종합적인 학습능력을 키우는 것이고, 그것을 바탕으로 수리분야 과목이나 지리, 사회경제, 미술 등의 분야도 도움을 줄 것입니다. 또한, 사회현상에 주목해서 주요 방송국에서 제작한 도시관련 다큐멘터리를 여러번 반복하여 시청하거나, 도시건축 관련 전문박물관 견학, 또는 국내외 다양한 도시내 공간과 장소를 찾아 방문하고 관찰하여 기록해보는 것도 많은 도움이 될 것입니다.

6. 이 직업을 꿈꾸는 청소년들에게 마지막으로 한 말씀을 부탁드립니다!

전문분야로서 직업을 선택하는 것은 과정적인 특징이 있습니다. 단번에 결정하기보다는 시간을 두고 차근차근 살펴보는 것이 좋습니다. 천천히 그러나 꾸준하게 실천해 간다면 여러분의 꿈은 현실이 될 것입니다.
Slow and steady wins the race !!!

Song, Kihwang

송기황 ㈜수연종합건축사사무소 대표

주요학력 및 이력
- 광운대학교 대학원 도시계획부동산학과 (2022)
- 중앙대학교 건축학과 (1987)
- 수연종합건축사사무소 개소 (2011)

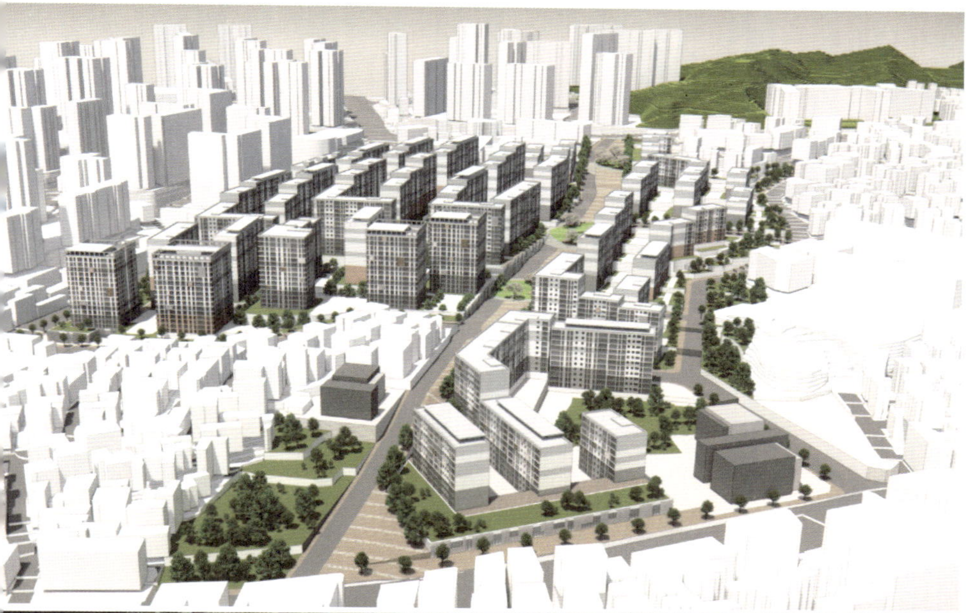

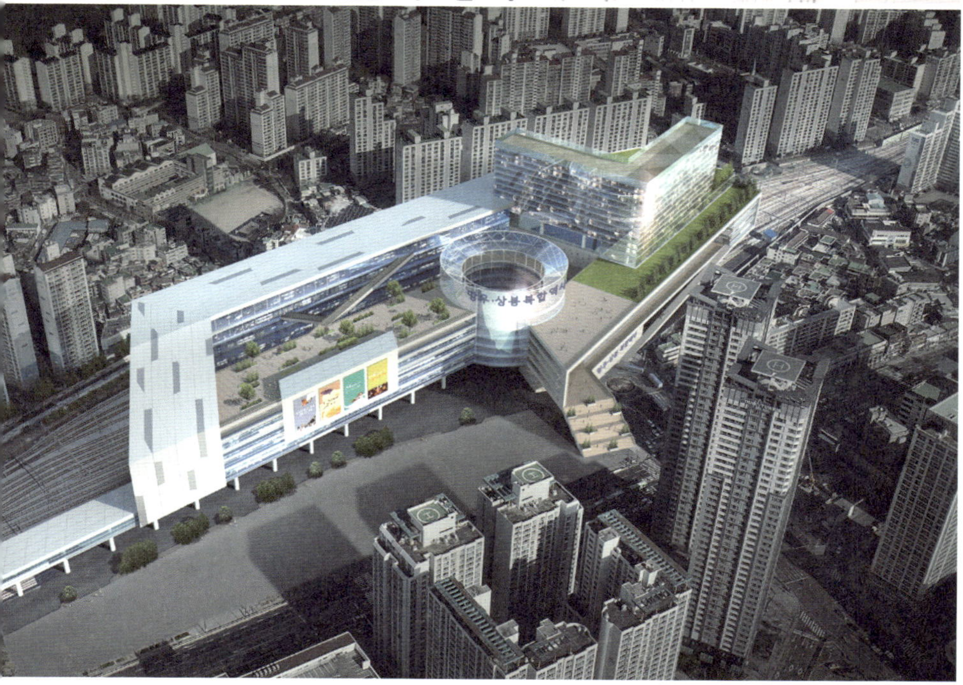

1. 자기소개를 부탁드립니다.

학부에서 건축을 전공하고, 대학원에서 도시를 전공하여 건축을 기본으로 도시를 이해하고, 도시계획 바닥에서 저변확보를 위해 노력하는 건축가+도시계획가입니다.

2. 이 직업을 선택하려면 어떤 공부(대학에서의 전공)를 해야 하나요?

도시계획은 도시 또는 건축과 관련된 학과를 전공하면 좋습니다. 저는 대학교에서 건축을 전공하고, 십 수년간 건축 실무 후에 대학원에서 도시를 전공하고, 도시계획으로 업역을 넓혔습니다. 처음부터 도시를 공부해도 좋으나, 건축을 먼저 전공하고, 이후의 학업을 도시로 전향한다면 훨씬 기초가 탄탄한 도시계획가로 성장할 수 있을 것입니다. 건축사사무소를 개소하기 위해서는 건축사 자격증이 필요하고, 건축사 자격증을 따기 위해서는 인증된 학교에서 5년제 건축과 과정을 마치고, 건축사사무소의 실무수련 이후 건축사시험에 응시해야 합니다.

3. 이 직업의 장점(좋은 점, 의미있는 점)과 단점(힘든 점)이 궁금합니다!

장점은 기술과 창의력, 인문학 등이 집대성된 종합 영역입니다. 그만큼 성취도도 높고, 끝도 없는 도전과 학습의 과정이 수반되고요. 경력이 늘면 늘수록 사회에서의 인지도도 높아지고, 그만큼 지식인으로서 대접 받습니다. 단점이라기보단 힘든 점은 공부할 영역이 매우 넓고 다채롭습니다. 탱자탱자 놀면서 절대 정복할 수 없는 어려운 분야입니다.

4. 이 직업의 미래 전망을 어떻게 생각하세요?

저성장 시대에 건축가 또는 도시계획가로서의 미래는 그리 밝다고만은 할 수 없지만, 저성장 시대에 맞는 건축 내지는 도시전략이 필요합니다. 사회는 어떤 여건에서도 발전을 도모할 것이고, 우리 후학은 열심히 공부하고 전략을 잘 짜고 하면 반드시 이 영역에서 살아남을 방법은 많이 있습니다.

5. 이 일을 하기 위해 중,고등학생 때 하면 도움이 되는 공부나 활동이 있을까요?

여행을 많이 다니고, 책을 많이 읽으세요. 건축물도 많이 보고, 도시 전반을 이해하려는 노력을 하세요. 특히 내가 느끼는 여행지에서의 특징을 기록하고 기억하는 습관을 가지세요. 인문학과 철학을 공부하고, 예술에도 관심을 많이 가지세요.

6. 이 직업을 꿈꾸는 청소년들에게 마지막으로 한 말씀을 부탁드립니다!

제발 좀 인터넷 서핑과 유튜브만으로 정보를 얻으려 하지 말고, 현업에서 고군분투하는 많은 선배와 멘토에게 찾아가고 들이대면서 조언을 구하세요. 경험 없이 섣부른 판단도 금물이고, 선입견도 금물이고, 괜한 환상도 금물입니다. 찾아가서 조언을 구하세요. 들이대는 자에게 행운도 옵니다. 학교에서도 못 얻는 고귀한 경험과 지혜를 얻을 수 있을 것입니다.

Ahn, Naeyeong

안내영   인천연구원 연구위원

주요학력 및 이력

- 서울대 건설환경공학부 도시설계전공 박사 (2011)
- 서울대 지구환경시스템공학부 도시계획전공 석사 (2002)
- 서울대 토목공학과 도시공학전공 학사 (1999)
- 인천연구원 연구위원 (2017~)
- 서울연구원 초빙부연구위원 (2011~2017)
- ㈜한아도시연구소 (2002~2005)

사전협상제도(도시계획 관련 제도)에 대한 군구 담당자 설명회

인천항 갑문과 인천내항(동양 최대의 갑문이고 내항재개발 추진 중)

1. 자기소개를 부탁드립니다.

인천시 출자 연구원인 인천연구원에서 도시계획, 도시설계를 관련 연구를 하고 있습니다. 학부부터 도시공학을 전공하였고 석사는 도시계획, 박사는 도시설계를 전공하였습니다. 서울연구원, 인천연구원이 모두 시 출연기관기관이라 시 정책과 밀접한 일을 합니다. 도시기본계획 등 관련 계획을 수립하거나 도시 관리에 관한 사례, 정책 방향, 제도 검토 등을 합니다.

2. 이 직업을 선택하려면 어떤 공부(대학에서의 전공)를 해야 하나요?

저는 학부, 석사, 박사가 다 학과명칭이 다른 특이한 이력을 갖고 있는데요, 사실은 다 같은 과랍니다. 학부의 정식명칭은 토목공학과 도시공학전공이었고, 석사는 지구환경시스템공학과, 박사는 건설환경공학과입니다. "대학의 학문을 통합해야한다"는 흐름에서 과가 통합되었다가 다시 분리되었다가 하는 흐름때문이죠. 어쩌면 도시 학문이라는 것이 매우 통합적인 학문이기 때문이기도 한 거 같습니다. 현재 도시계획과 도시설계를 현업으로 하는 사람 중에 저처럼 학부부터 도시공학을 한 사람이 적을 정도입니다. 도시공학은 도시계획뿐만 아니라 교통, 환경, GIS 분야를 모두 포함하므로 같은 과 사람들은 다른 분야로 간 사람도 많구요, 도시계획은 경제, 지리, 행정을 전공한 사람도 많이 합니다. 도시설계는 건축을 전공한 사람 비율이 꽤 높습니다.

3. 이 직업의 장점(좋은 점, 의미있는 점)과 단점(힘든 점)이 궁금합니다!

사람들의 일상생활과 맞닿아 있다는 점이 큽니다. 바로 우리집 앞에 도로나 지하철역이 생기고 고층건물이 생길 수 있거나 없거나 등이 다 도시계획과 연결되죠.
힘든 점도 마찬가지입니다. 도시계획이 여러 사람들의 삶과 연관되는 데 누구에게는 이익이되지만 누구는 손해볼 수 있죠. 여러 가지 대안 중에서 가장 공공의 이익이 최대가 되는 것이 무엇인지 찾아내는 것이 어렵고 그 와중에 많은 사람들의 이해관계를 조율하는 것이 정말 어렵습니다.

4. 이 직업의 미래 전망을 어떻게 생각하세요?

우리 대부분이 도시에 살고 있는 만큼 도시를 가꾸고 조율하는 작업은 계속 이루어져야 하니까 계속 필요한 직업입니다. 그런데 양상은 조금 바뀌는 거 같아요. 예전에는 신도시를 건설하고 새로운 도로와 다리를 건설하는 등 빈땅에 새로운 도시를 건설하는 것이 큰 과제였다면 이제는 형성된 도시 공간을 어떻게 지속적으로 가꾸어 나가느냐가 더 큰 문제입니다. 흰 도화지에 새로운 그림을 그리는 것보다 이미 밑그림이 그려진 그림을 수정하는 것이 더 어려운 작업이지요. "내가 사는 터전을 제대로 가꿔보고 싶다"는 사람에게는 도전할 만한 직업입니다.

5. 이 일을 하기 위해 중,고등학생 때 하면 도움이 되는 공부나 활동이 있을까요?

배우는 학과 과목으로는 지리, 경제, 역사, 통계 등이 관련이 있습니다. 평소 활동은 주변 동네에 관심을 가져주세요. 우리 동네의 주요 도로는 어디와 어디를 연결하고 있고 주요 상점가는 어디에 형성되어 있으며 사람들은 어디에서 주로 만남을 갖고 노는지를 잘 살펴보았으면 합니다. 조금 더 나아간다면 여기에 도로와 상점이 형성될 때 동네 상황이나 사람들의 주장이나 갈등을 알아본다면 훌륭한 예비 도시계획가가 될 것입니다.

6. 이 직업을 꿈꾸는 청소년들에게 마지막으로 한 말씀을 부탁드립니다!

도시관련 학문은 통합적이기 때문에 각자 자기가 흥미로운 분야에서 출발하면 된다고 생각합니다. 건축에 흥미있는 사람은 건축에서 지리에 흥미있는 학생은 지리에서 법과 제도에 관심있는 사람은 법과 제도에서 출발하면 됩니다. 각자의 흥미로운 분야에서 다른 영역들로 관심을 넓혀 갔으면 좋겠습니다. 도시계획, 도시설계는 사람들이 사는 공간을 가꾸는 것이기 때문에 기본적으로 사람들이 삶의 모습에 대한 이해를 바탕으로 합니다. 우리들이 이웃이 어떻게 살고 있는지 꾸준한 관심이 있었으면 좋겠습니다.

Yoo, Haeyeon

유해연   숭실대학교 건축학부 부교수

주요학력 및 이력

- 아주대학교 환경도시공학부 건축학과 학사 (1996-2000)
- 서울대학교 건축학과 석사 (2004-2006)
- 서울대학교 건축학과 박사 (2006-2010)
- 숭실대학교 건축학부 조교수, 부교수 (2012~)
- 한국토지주택공사 도시재생사업단 선임연구원 (2010-2012)
- ㈜삼우종합건축사사무소 부실장 (2000~2008)

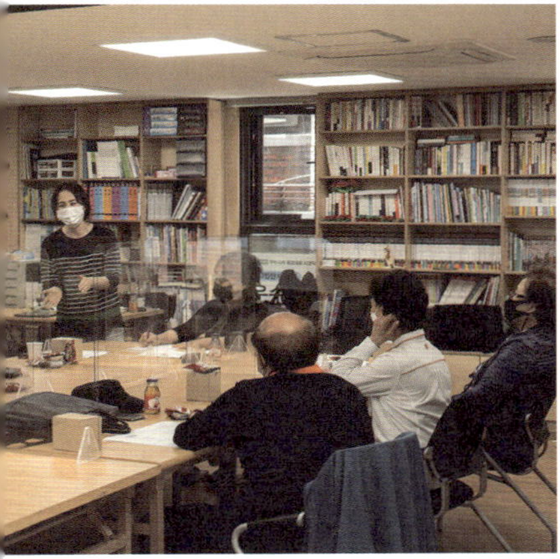

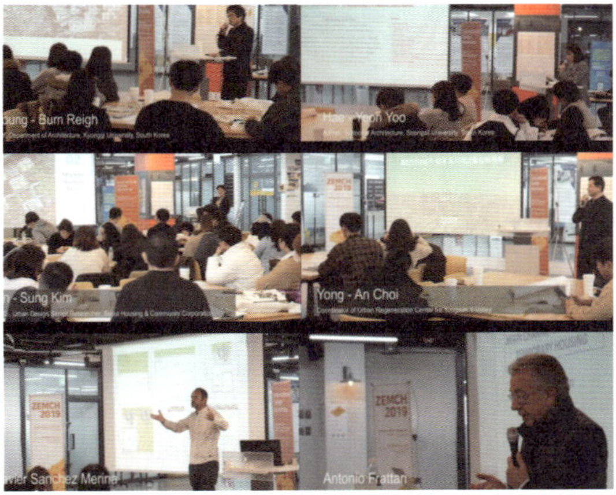

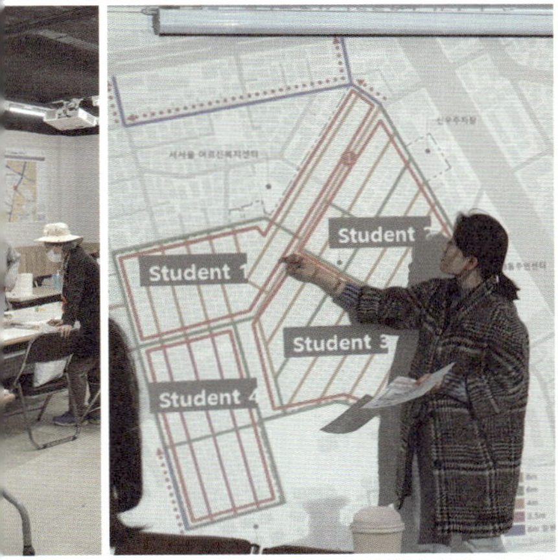

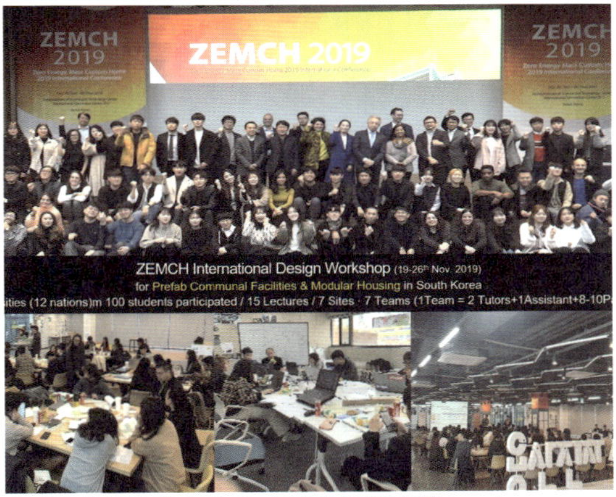

International Urban Design Studio
Universitas Pelita Harapan(UPH)
Alvar Pradian Mensana (Head of Architecture) + Julia Dewi (Deputy Department of Architecture)

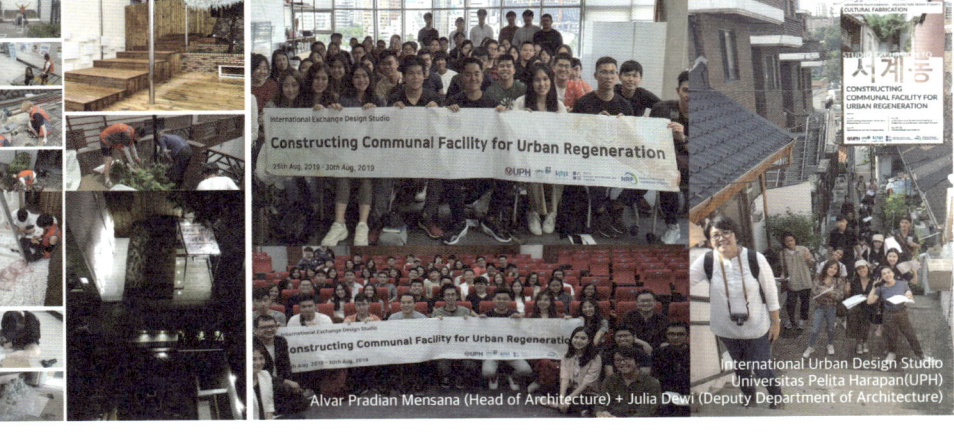

1. 자기소개를 부탁드립니다.

저는 학부 졸업 후 ㈜삼우종합건축사사무소에서 마스터플랜과 주거설계에 참여하였습니다. 이후 서울대학교에서 도시주거 관련 연구로 석사와 박사학위를 취득한 후 한국토지주택공사 도시재생사업단의 선임연구원으로 도시재생 정책 및 제도 연구에 참여하였습니다. 현재 숭실대학교 부교수로 도시건축융합연구실(crrglivinglab.com)을 운영하고 있으며, 도시의 인문, 사회, 역사적 변화와 물리적 공간의 특징을 기록/분석하고 지역거점에 스마트리빙랩 운영방안 및 물리적 개선방향을 연구하고 있습니다. 이를 통해 미래의 정책과 제도는 물론 계획(디자인)의 변화를 모색하고 있습니다. 건축분야에서는 교육시설에 대한 지역연계와 미래교육 공간에 대한 연구 및 설계를 진행 중인데, 이 역시 도시구조의 변화와 연계하여, 지역 복합화 방안에 대한 방안을 마련 중입니다.

2. 이 직업을 선택하려면 어떤 공부(대학에서의 전공)를 해야 하나요?

저는 건축학을 전공했지만, 실무를 통해 도시주거와 마스터플랜에 대해 익히게 되었습니다. 그리고 LH 연구원에서도 도시계획, 도시설계 및 도시사회학, 도시경제학 등 다양한 전공 박사분들과 함께 협업하며 더 큰 개념의 도시와 접하게 되었는데요. 학부에서 건축과 도시와 관련된 분야를 선택한다면, 저와 같은 직업을 갖는데 적합할 듯 합니다.

3. 이 직업의 장점(좋은 점, 의미있는 점)과 단점(힘든 점)이 궁금합니다!

도시에 대한 이해와 해석이 매우 다릅니다. 도시는 위치와 거주민, 자연환경 및 경제, 사회, 정치적 현황 등 지역의 특성에 따라 또한 매우 다르게 해석될 수 있습니다. 특히 제 연구분야인 **지역 실태조사와 기록화, 그리고 이를 통한 정책제안 및 활성화 방안 구축**은 현장 연계형 연구라서 책상에 앉아 있기보다는 직접 발로 뛰고, 주민들과 항상 소통해야한다는 점이 장점이자 단점이랍니다. 하지만, 누군가 잊혀지고 버려질 수 있는 도시의 소중한 기록을 남기고, 이를 통해 지역의 의견이 수렴되어 도시가 발전할 수 있다면, 그게 가장 큰 장점이라고 생각합니다.

4. 이 직업의 미래 전망을 어떻게 생각하세요?

도시는 끊임없이 성장하고 변화하고 있습니다. 이러한 성장과 변화는 과거에 대한 성찰과 현재 상황에 대한 냉철한 분석 없이는 어렵다고 생각합니다. 또한 도시를 구성하는 가장 중요한 요소인 사람에 대한 이해와 지역의 다양한 의견을 수렴할 수 있는 장치(커뮤니티)의 지속화, 이를 물리적 공간으로 구축하는 방향성은 매우 중요하게 고려되어야 할 것입니다. 따라서 기초 데이터(기록물)을 관리하고, 활용, 연계할 수 있는 분야와 함께 발전할 수 있는 분야라고 생각됩니다.

5. 이 일을 하기 위해 중,고등학생 때 하면 도움이 되는 공부나 활동이 있을까요?

'도시'는 매우 다양하고 복합적인 분야입니다. 따라서 그 어떤 분야도 도시와 연계지어 고민해 볼 수 있습니다. 따라서 다양하고 많은 분야에 관심을 갖고, '이건 왜그럴까? 저건 어떻게 해결하면 좋을까?'라고 생각해보기를 권장합니다. 본인이 가장 관심있는 분야와 연계지어 고민하면 보다 즐겁게 공부할 수 있을 거라 생각됩니다.

6. 이 직업을 꿈꾸는 청소년들에게 마지막으로 한 말씀을 부탁드립니다!

어떤 꿈을 꾸든 가치있는 꿈이라고 생각합니다. '도시'라는 분야가 매우 크고 넓고, 방대해보이지만, 우리 모두가 그 도시를 형성하고 이루는 구성입니다. 그 꿈이 무엇이든 두려워하지 말고 작은 부분부터 도전해보세요.

Yoon, Hyeyeong

윤혜영 인천연구원 연구위원

주요학력 및 이력
- 동경대 도시공학 박사 (2013)
- 서울대 환경대학원 석사 (2010)
- 고려대 환경생명대학 학사 (2007)
- 인천연구원 (2014~)

160
161

전문가가
소개하는
도시분야
진로탐색

1. 자기소개를 부탁드립니다.

안녕하세요. 저는 인천시가 출자, 설립한 정책연구기관인 인천연구원에서 도시계획, 도시재생 관련 연구를 하고 있는 윤혜영입니다. 취미는 여행과 운동, 유튜브 보기이고 MBTI는 ISTJ입니다!

2. 이 직업을 선택하려면 어떤 공부(대학에서의 전공)를 해야 하나요?

안타깝게도 이 직업의 기본 조건은 박사학위입니다..하지만 도시분야에 관심이 많고 사람들의 생각이나 삶에 영향을 미치는 요소 같은 것에 호기심이 많다면 공부가 생각보다 그렇게 어렵지는 않을 거라고 생각합니다..! 특히 도시공학 분야는 공학으로 분류되기는 하지만 사회학적 소양이 요구되어 문,이과 모두 지원하실 수 있지 않을까 싶습니다.

3. 이 직업의 장점(좋은 점, 의미있는 점)과 단점(힘든 점)이 궁금합니다!

이 직업의 장점은 아무래도 내가 연구하여 발표한 것들이 실제 생활에서 정책으로 추진되어 사람들의 삶에 영향을 미칠 수 있다는 점이 될 수 있을 것 같습니다. 그리고 다른 직업에 비해 비대면이 상당수 가능하다는 점이 MBTI I로 시작하는 사람들에게는 도움이 될 것 같습니다. 또 여러 사례들을 알아야 하기 때문에 다양한 지역을 가야 하는데, 여행을 좋아하신다면 이런 면도 장점이라고 생각합니다. 단점은 인천시의 정책에 도움이 되어야 하다보니 스스로의 최근 관심사와 조금 상충하는 부분도 있습니다.

4. 이 직업의 미래 전망을 어떻게 생각하세요?

미래 전망이라고 하면 아무래도 AI와의 연관성이란 문장이 떠오르는데, 연산작업이 아니면서 100% 창조적이지도 않고, 사람들의 생각이나 욕구 같은 점을 종합적으로 고려하면서 최대한의 만족을 주기 위한 방향을 찾아가는 일이라는 점에서 향후에도 계속해서 수요가 있을 것으로 보입니다. 또 인구 구조나 기술이 발달하면서 도시 분야에서도 계속해서 니즈가 변화하기 때문에도 필요한 일로 생각합니다.

5. 이 일을 하기 위해 중, 고등학생 때 하면 도움이 되는 공부나 활동이 있을까요?

도시공학은 사람들이 살아가는 공간을 대상으로 하기 때문에, 정말 이해가 가지 않는 행동을 하는 사람이 있더라도 그 이유가 뭘까? 하고 생각해보는 일이 도움이 될 것 같습니다. 학위과정을 마치고 사회에 나오면 정말 다양한 이유나 욕구, 이익 등으로 집단화된 요구를 하는 경우도 있는데, 이와 크게 부딪히지 않으면서 공공선을 찾아가야 하는 직업일 수 있습니다. 통계나 사회학, 심리학에 대한 이해도 있으면 좋을 것 같습니다.

6. 이 직업을 꿈꾸는 청소년들에게 마지막으로 한 말씀을 부탁드립니다!

연구원이라는 직업은 조용히 사회에 공헌하는 직업이라고 생각합니다. 박사학위까지의 길이 다소 험난할 수는 있지만, 내 전문분야를 살려서 오랜 기간 조력할 수 있는 점에서 매력이 있다고 생각합니다.

Lee, Gunwon

이건원 고려대학교 건축학과 부교수

주요학력 및 이력
- 고려대학교 도시계획및설계 (2016)
- 고려대학교 건축계획학 (2008)
- 고려대학교 한국사학 (2006)
- 호서대학교 교수 (2017~2023)
- 목원대학교 강사/교수 (2013~2017)
- 주식회사 서울건축 (2009~2011)

1. 자기소개를 부탁드립니다.

고려대학교 건축학과에서 도시계획 및 도시설계 전공을 지도하고 있는 이건원입니다. 주로 탄소중립도시, 기후변화 적응도시와 같이 지속가능하고, 친환경적인 도시를 연구하고 있습니다.

2. 이 직업을 선택하려면 어떤 공부(대학에서의 전공)를 해야 하나요?

교수가 되기 위해서는 학사는 물론, 석사와 박사학위를 취득해야 합니다. 도시설계 분야는 인문·사회분야와 공학 심지어 예술 분야까지 결합한 융합학문입니다. 그렇기 때문에 도시설계 분야의 교수가 되기 위해서는 지리학, 행정학, 경제학 등의 인문·사회분야를 통해서 도시에 대해 공부를 해도 되고, 도시공학, 토목학, 건축학(건축공학), 조경학 등의 공학분야를 통해서 도시에 대해서 공부를 해도 됩니다. 저는 건축공학을 기반으로 도시계획과 도시설계를 공부하고, 설계사무소에서 근무하며 실무 경험을 쌓고 교수가 되었습니다.

3. 이 직업의 장점(좋은 점, 의미있는 점)과 단점(힘든 점)이 궁금합니다!

교수는 학부생이나 대학원생을 지도하는 교사의 역할과 한 분야의 전문가로서 연구와 한 현상에 대해 객관적 의견을 제시하는 연구자의 역할이 공존합니다. 아마도, 교수님들마다 양자의 비중이 다르실 것으로 생각됩니다. 이러한 다양한 면이 존재하는 것이 이 직업의 장점입니다. 한편으로는 학생들을 지도하며 보람을 느끼면서도, 다른 한편으로는 한 명의 전문가로서 정책이나 기준, 평가를 제시할 수 있습니다.

그렇다보니 단점은 생각보다 다양한 일을 하곤 한다는 것입니다. 일이 많다 적다는 개념을 넘어서 다양한 일을 하게 됩니다. 그러다보니 생각보다 한 가지 일에 몰두하고 집중하기 어렵습니다. 그렇기 때문에 고도의 자기관리가 필요한 직업 중의 하나로 생각합니다.

4. 이 직업의 미래 전망을 어떻게 생각하세요?

많은 직업들이 AI의 발전에 영향을 받을 것으로 생각됩니다. 교수라는 직업도 마찬가지일 것입니다. 다만, 도시설계 분야의 교수의 미래는 전망이 밝다고 생각됩니다. 그 이유는 도시설계 분야의 장래 특성과 관련이 깊습니다. 사람에 대한 이해를 바탕으로 정책을 수립하고, 집단 간의 이익과 갈등을 조율해야하는 분야이기 때문입니다. 이러한 사람의 감정적이고, 이익을 추구하면서도 공정성을 추구하려는 복잡한 특성은 AI가 대체하기에는 어려울 것입니다. 반대로 우리가 판단하기 위한 근거가 되는 상당한 양의 데이터를 정리하고 분석하거나 학생들에게 일방적인 지식을 전달하는 것은 앞으로 충분히 AI가 대신해줄 수 있을 것입니다. 현재는 복잡한 데이터 분석 및 정리, 이를 바탕으로 한 다양한 집단과의 의사소통과 갈등 조율까지 모두 수행해야하기 때문에 일도 많고 다양한 업무를 수행해야하는 문제가 있습니다. 하지만 미래에서는 기초 단계는 AI에게 맡기고, 도시설계 전문가는 한 단계 높은 업무에 집중할 수 있도록 여건이 만들어질 수 있을 것이기 때문에 이 분야의 미래가 밝다고 할 수 있겠습니다.

5. 이 일을 하기 위해 중,고등학생 때 하면 도움이 되는 공부나 활동이 있을까요?

도시설계 분야 특히, 도시설계 분야의 교수가 되기 위해서는 인문적인 소양을 반드시 갖춰야 합니다. 인문적인 소양은 사람을 이해하는 것과 관련이 깊습니다. 사람의 내면을 들여다보고, 갈등을 이해하기 위해서 인문 분야의 독서량을 늘리기를 권장합니다. 사람들과 많이 소통하고 부딪히는 활동을 많이 경험하는 것도 권장합니다. 특히, 공공기관에서 시행하는 다양한 봉사활동에 참여하며 다양한 사람들을 만나고 경험하고 이해하는 시간을 갖기를 권장합니다.

6. 이 직업을 꿈꾸는 청소년들에게 마지막으로 한 말씀을 부탁드립니다!

쉽지 않겠지만 마음의 여유를 갖으시고, 다양한 활동을 즐기시기 바랍니다.

Lee, Kwanghyun

이광현 경일대학교 건축디자인과 교수

주요학력 및 이력
- 건축사 (한국/미국)
- 고려대학교 공학박사 (2019)
- 오리건주립대 건축학석사 (2004)
- 경북대학교 공학사 (2001)
- 경일대학교 부교수 (2017~현재)
- 삼성물산 (2011~2017)
- 나우동인건축사사무소 (2009~2011)
- Powell&Partners Architects (2004~2009)

<경일대 설계수업>

<경일대 4학년 장연주 학생작품(PRINT-LINK), 대구 인쇄골목 도시재생 프로젝트>

1. 자기소개를 부탁드립니다.

안녕하세요? 경일대학교 건축디자인과 학과장을 맡고 있는 건축디자인과 이광현입니다. 저는 건축설계사무소에서 7년, 건설사에서 7년 실무를 하다 현재 대학교에서 학생들을 7년째 가르치고 있습니다. 학교에서는 건축설계와 도시설계 과목을 담당하고 있어요.

2. 이 직업을 선택하려면 어떤 공부(대학에서의 전공)를 해야 하나요?

대학과 대학원에서는 건축설계를 전공하였고, 박사는 도시계획및설계를 전공하였습니다. 건축설계를 배우는 동안 항상 도시계획를 배우고 싶은 바램이 있었기에 뒤늦게 실무를 하면서 박사과정을 하게 되었습니다. 다양한 건축이 모여 하나의 도시를 형성하기 때문에 더 큰 규모의 도시를 배우고 싶었습니다.

3. 이 직업의 장점(좋은 점, 의미있는 점)과 단점(힘든 점)이 궁금합니다!

저의 직장은 크게 3번 바뀌었다고 할 수 있습니다. 설계사무소와 건설사의 설계팀 그리고 대학교인데요. 설계사무소에서는 건축계획과 건축설계를 하였고, 건설사 설계팀에서는 설계관리와 현장지원의 일을 하였습니다. 그러다 현재 대학교에서 학생들에게 건축설계와 도시설계를 가르치고 있습니다.
가장 큰 보람은 건축이나 도시에 대해 아무것도 모르던 신입생들이 5학년이 되어 멋진 설계작품을 완성하고 졸업하는 모습을 보는 것입니다. 누구의 인생을 더 나은 방향으로 바꿀 수 있다는 것이 이 직업의 가장 큰 의미인 것 같아요.
물론 설계사무소나 건설사에 있으면서도 내가 직접 설계하고 관여했던 건축물이 실제로 지어질 때 그 성취감은 이루 말할 수 없습니다. 다만 건축이나 도시디자인 관련 일들은 다양한 분야와 협력해야 하고, 여러 번 수정작업을 거쳐 완성될 수 있는 일이라 그만큼 시간과 노력이 들어갑니다. 그로 인해 체력적, 정신적, 시간적 소모가 많은 직업이라 할 수 있어요.

4. 이 직업의 미래 전망을 어떻게 생각하세요?

제가 일하고 있는 경일대학교가 경북 경산시라는 곳에 있어 학령인구 감소로 인해 지방대학에서 학생을 가르치는 일은 어려워질 수 있다고 생각합니다. 그러나 건축과 도시를 가르치는 일은 앞으로도 꼭 필요한 일이고 없어지지 않을 직업이라 생각합니다. 사람이 살고 일하는 공간은 앞으로도 존재하고 시대에 맞게 변화할 것이라 그것을 풀어줄 수 있는 전문가를 양성해야겠죠. 교수라는 직업은 학생 교육을 우선으로 하지만 본인의 설계작업도 병행할 수 있기 때문에 앞으로 전망은 현재와 같이 밝다고 생각합니다.

5. 이 일을 하기 위해 중,고등학생 때 하면 도움이 되는 공부나 활동이 있을까요?

건축과 도시는 책이나 TV의 경험도 도움이 되겠지만, 가장 좋은 건 여행이라고 생각합니다. 주말이나 방학 때 부모님 또는 친구들과 여행을 다니며 새로운 도시를 거닐면서 다양한 건축물을 직접 보는 게 가장 큰 도움이 되지 않을까 싶네요. 또 좋아하는 것을 손으로 표현해보는 연습도 도움이 되리라 생각해요. 요즘은 컴퓨터로 작업을 많이 하지만, 본인의 생각을 가장 빠르고 효과적으로 표현할 수 있는 능력이 있으면 더 좋습니다.

6. 이 직업을 꿈꾸는 청소년들에게 마지막으로 한 말씀을 부탁드립니다!

새로운 것을 고민하고 시도하며, 문제가 발생할 경우 해결하는 능력이 필요합니다. 어렵다고 피하기보단 직접 부딪치고 해결하려고 노력하는 의지가 중요해요. 대학교 공부나 실무를 하면서 다른 일에 비해 시간과 노력이 더 필요할 수 있지만, 그 어려움을 참아내면 좋은 결과가 있을 거라 확신합니다. 의사는 실수를 하면 1명의 생명에 영향을 미치지만, 건축설계나 도시설계는 수십 명, 수백 명의 생명을 책임지는 일입니다. 그만큼 중요하고 사회에 영향을 끼칠 수 있는 직업이니 관심 있는 학생은 꿈을 계속 나아가길 바래요.

Lee, Seokhyeon

이석현 중앙대학교 실내환경디자인전공 교수, 예술문화연구원 원장

주요학력 및 이력
- 츠쿠바대학교 박사 (2006)
- 츠쿠바대학교 석사 (2003)
- 사)한국색채학회 회장 (2021)
- 사)더나은도시디자인포럼회장 (현재)
- 의정부시 총괄 공공건축가

<도시디자인워크숍 장면(디자인 협의와 조정)>

<국토대전 국무총리상을 수상한 수원시 파장초등학교 공간디자인 개선>

1. 자기소개를 부탁드립니다.

저는 한국도시설계학회 공공디자인연구위원회 위원장을 맡고 있는 중앙대학교 이석현 교수입니다. 저는 도시공공디자인과 공간디자인을 중심으로 도시재생, 공간전략기획 등에서 주로 활동하고 있습니다. 우리 학부는 실내환경디자인전공으로서 실내디자인과 환경디자인이 결합된 형태이고, 대학원은 공간디자인전공으로서 도시디자인, 도시재생, 실내공간디자인, 퍼실리티디자인, 주거환경 디자인 등 폭넓은 분야를 다루고 있습니다.

2. 이 직업을 선택하려면 어떤 공부(대학에서의 전공)를 해야 하나요?

우리 분야는 디자인전공과 도시전공, 건축전공, 인테리어 전공 등 다양한 분야에서 접근가능합니다. 최근 전국적으로 가장 수요가 활발한 분야이기도 합니다. 도시건축디자인의 융합적 성격이 가장 강한 분야이기도 합니다. 직업군도 그에 따라 다양합니다. 대표적인 전공으로는 환경디자인전공, 공간디자인전공, 건축전공, 실내디자인전공, 주거환경전공, 산업디자인전공, 조경디자인전공 등이 있습니다. 문화 관련분야에서도 가능합니다.

3. 이 직업의 장점(좋은 점, 의미있는 점)과 단점(힘든 점)이 궁금합니다!

도시공공디자인 직업의 장점은 다양한 분야에서 한번 전문가로서 인정을 받으면 나이가 들어도 지속적으로 전문성을 활용하여 활동할 수 있다는 것이고 현재 사회적 수요가 가장 높은 분야라는 장점이 있습니다.
단점은 공공디자인 내의 직업에 따라 디자인 비용이 정확하지 않고 업계 내에서 경쟁이 치열하다는 것입니다. 이것은 유망한 분야가 대부분 그러하다고 판단됩니다.

4. 이 직업의 미래 전망을 어떻게 생각하세요?

향후 도시공공디자인은 사회가 발전되고 사회구성원들의 수준이 향상됨에 따라 다양한 분야에서 확대될 것입니다. 건축, 경관, 도시재생, 도시디자인, 조명, 색채, 시설물 디자인 등 다양한 영역과 유니버설디자인, 셉테드디자인 등의 영역에서 그 역할이 확대될 것이고 사회적 수요도 높아질 것으로 기대되어, 발전 가능성이 가장 큽니다.

5. 이 일을 하기 위해 중,고등학생 때 하면 도움이 되는 공부나 활동이 있을까요?

우리 분야의 전문가는 공공디자이너, 환경디자이너, 공간디자이너 등의 다양한 이름으로 불리웁니다. 그만큼 통합적 학문의 성격이 강하기 때문에 인문학적 소양과 디자인 역량을 같이 키우는 활동을 하는 것이 좋고, 사회참여 성격이 강하기 때문에 지역과 같이 하는 문화예술활동에 참여도 중요합니다. 미술실기는 해도 좋고 안해도 좋습니다. 디자인 역량과 함께 기획역량이 중요하기 때문입니다. 그래도 건축과 도시에 대한 관심과 안목을 키우는 것은 역시 중요하기 때문에 다양한 체험을 하기를 당부드립니다.

6. 이 직업을 꿈꾸는 청소년들에게 마지막으로 한 말씀을 부탁드립니다!

이제 도시공공디자인은 사람들의 삶을 쾌적하게 하는 차원을 넘어 문화와 환경을 조정하는 차원으로 발전되고 있습니다. 이는 사회가 발전됨에 따라 필수적인 현상이며, 공공디자이너는 건축과 도시, 실내디자인 곳곳에서 그 중요성이 커지게 될 것입니다. 여러분들이 이러한 유망한 분야에 주역으로 참여하시게 되면 미래에 후회없는 선택이 되실것으로 생각됩니다.

Lee, Sugie

이수기 한양대학교 도시공학과 교수

주요학력 및 이력

- 한양대학교 도시공학과 교수 (2012.09~현재)
- 미국 캘리포니아 주립대(UC, Irvine) 객원교수 (2019~2020)
- 미국 클리블랜드 주립대 교수 (2005.09~2012.08)
- 미국 Georgia Tech, 도시 및 지역계획 박사 (2005)
- 한양대학교 도시공학과 석사 (1997)
- 한양대학교 도시공학과 학사 (1993)

S
W
O
T
Master Plan
Design Concept
Comfortable Nodeul
Vertical Nodeul
Livable Nodeul

SAN FRANCISCO

1. 자기소개를 부탁드립니다.

안녕하세요. 저는 현재 한양대학교 도시공학과 교수로 재직하고 있는 이수기 라고 합니다. 저는 한양대학교 공과대학 도시공학과와 동 대학원을 졸업하고 우리나라 국토와 도시를 관리하고 계획하는 국토연구원에서 약 2년간 위촉연구원으로 활동하였습니다. 그리고 미국 조지아주 애틀란타에 있는 조지아 텍(Georgia Institute of Technology) 도시건축대학에서 도시 및 지역계획(City and Regional Planning) 전공으로 박사학위를 취득하였습니다. 박사학위 취득 후 미국 오하이오주 클리블랜드시에 있는 클리블랜드 주립대(Cleveland State University) 도시정책대학에서 약 7년간 조교수와 부교수로 근무하였습니다. 지금은 모교인 한양대학교 도시공학과로 돌아와 교수로 재직하고 있습니다. 저는 도시설계 분야에서 도시의 물리적 환경을 계량화하고 도시 형태(Urban Form)가 사람들의 행태(Behaviour)에 미치는 영향을 분석하여, 안전하고 쾌적한 보행친화도시 조성 연구에 관심을 가지고 있습니다.

2. 이 직업을 선택하려면 어떤 공부(대학에서의 전공)를 해야 하나요?

우선 도시공학 분야의 직업을 선택하기 위해서는 도시공학과를 진학하여 도시공학을 전공하는 것이 가장 좋다고 생각합니다. 그렇지만 도시공학과 밀접하게 연계된 건축학, 건축공학, 토목공학, 교통공학, 환경공학, 지리학, 조경학, 사회학, 경제학, 부동산학 등의 분야를 전공하는 것도 도시공학을 공부하는 데 큰 도움이 됩니다. 이처럼 도시공학이라는 학문은 공과대학과 사회과학 분야를 포함하고 있는 복합적이고 융합적인 속성을 가지고 있는 분야입니다. 다음으로 저와 같이 교수라는 직업을 선택하기 위해서는 일반적으로 학부를 마치고 대학원 과정에서 석사학위와 박사학위를 취득하는 것이 필요합니다. 박사학위 취득까지 걸리는 시간은 사람마다 다르겠지만 일반적으로 학부 4년, 대학원 석사과정 2년, 그리고 대학원 박사과정 4년 이상의 과정이 필요합니다.

3. 이 직업의 장점(좋은 점, 의미있는 점)과 단점(힘든 점)이 궁금합니다!

대학교에서 교수가 하는 일은 크게 교육, 연구, 봉사 등 세 가지로 정리를 할 수 있겠습니다. 우선, 교수는 학생들을 가르치고 제자를 양성하는 일은 합니다. 이러한 교육활동은 다음 세대를 위한 인재를 양성하는 일이기 때문에 매우 의미 있고 보람된 일이라고 생각합니다. 다음으로, 교수는 연구 활동을 하게 됩니다. 도시공학 분야의 연구 활동은 우리나라 국토와 도시공간을 잘 관리하여 사람들이 살아가기에 쾌적하고 안전한 공간으로 만드는 일입니다. 이러한 연구 활동은 공공의 안전과 복리를 증진하는 일이기 때문에 매우 중요하고 의미 있는 일이라 할 수 있습니다. 마지막으로, 전공 분야에 대한 지식을 활용하여 다양한 형태의 봉사활동을 할 수 있습니다. 정부나 지방자치단체의 도시계획 및 공간 정책에 기여할 수 있으며, 관련분야 비영리 단체의 활동을 지원할 수 있습니다. 교수라는 직업의 힘든 점은 학생들의 진로에 도움이 될 수 있는 좋은 수업을 지속해서 제공하고, 우리 사회에 기여할 수 있는 연구 결과를 도출하기 위해 끊임없이 공부하고 연구하는 일입니다.

4. 이 직업의 미래 전망을 어떻게 생각하세요?

도시는 인간이 만든 최고의 발명품이라고 합니다. 일반적으로 새로운 아이디어와 혁신은 사람들이 집적된 도시공간에서 나타납니다. 또한, 과학기술과 정보통신의 발전은 도시를 거대한 플랫폼으로 변화시키고 있습니다. 도시라는 거대한 플랫폼을 통해 창의적인 아이디어와 다양한 산업이 나타납니다. 따라서 도시를 관리하고 발전시킬 수 있는 도시공학이라는 학문은 앞으로 더욱 중요해질 것으로 판단됩니다. 그리고 대학교 교수라는 직업의 미래 전망은 대학의 유형이나 전공분야에 따라 많이 달라질 것으로 판단됩니다. 우리나라는 급속한 저출산과 고령화로 학령인구가 빠르게 감소하고 있습니다. 이러한 변화는 앞으로 대학뿐만 아니라 우리 사회의 모든 부문에 큰 영향을 미칠 것으로 판단됩니다. 그렇지만 학생들을 가르치고 연구하는 일을 좋아하고 적성에 잘 맞는다면 교수는 여전히 의미 있는 직업이라고 생각합니다.

5. 이 일을 하기 위해 중,고등학생 때 하면 도움이 되는 공부나 활동이 있을까요?

도시공학이라는 학문은 도시와 인간에 대한 통찰력이 중요하기 때문에 인문학적인 소양과 사회과학적인 접근방법이 매우 중요합니다. 그렇기 때문에 중·고등학교 때 인문학, 사회학, 자연과학, 공학 등 다양한 분야의 책을 많이 읽으면 큰 도움이 될 것으로 생각합니다. 또한, 일상생활이나 여행을 통해 직접 도시를 답사하거나, 도시에 대한 통찰력을 제공해 줄 수 있는 도시 관련 다큐멘터리를 많이 접해 보는 것도 상당한 도움이 됩니다. 그리고 중·고등학교 때 친구들과 함께 지역사회 도시나 커뮤니티의 주거, 교통, 환경, 보건 등의 문제를 도출하고 해결하기 위한 프로젝트를 기획하여 진행해 보는 것도 도시공학 분야를 이해하는 데 큰 도움이 될 것으로 생각됩니다.

6. 이 직업을 꿈꾸는 청소년들에게 마지막으로 한 말씀을 부탁드립니다!

청소년 시기에 미래에 어떤 직업을 선택할지 결정하는 일은 막연한 생각이 될 수 있을 것 같습니다. 그러나 미래에 자신이 하고 싶은 일을 계속해서 생각해 보고 꿈꿀 수 있다면 미래의 현실에서 실현될 가능성이 매우 높다고 생각합니다. 도시공학을 전공하는 도시공학 실무 전문가나 도시공학 분야 교수의 직업을 꿈꾸는 청소년들이 있다면 도시와 인간에 대한 깊은 통찰력을 가지는 것이 가장 중요할 것으로 생각됩니다. 이러한 통찰력을 가지기 위해서는 호기심과 관찰력 그리고 독서와 여행이 매우 도움이 됩니다. 나아가 대학에서 학생을 가르치는 직업을 꿈꾼다면 배우고 가르치는 일에 대한 열정과 끈기 그리고 학생들을 아끼고 사랑하는 마음이 중요하다고 생각합니다.

Lee, Yeongeun

이영은　LH토지주택연구원 주택주거연구실 실장

주요학력 및 이력

- 서울대학교 도시계획학 박사 (2005)
- 서울대학교 도시계획학 석사 (1996)
- 토지주택연구원 입사 (1996~)
- 국가도시재생실무위원회 위원 (2023~)

전문가가
소개하는
도시분야
진로탐색

1. 자기소개를 부탁드립니다.

저는 달동네 철거 현장의 부당함을 고치겠다는 야무진 꿈을 안고 서울대 환경대학원에서 도시계획을 전공하였습니다. 1996년 주택공사에 입사하여 계속 주택정비, 도시재생, 주거복지 등 더 나은 터전 만들기와 관련된 주제들을 연구해 왔습니다. 특히, 최근에는 한정된 공공 자산을 어떻게 활용해야 최상의 삶터를 만들 수 있을지 집중하고 있습니다. 그리고 연구결과를 정부정책으로 제안하고 추진하면서 더 작은 정부가 아니라 더 나은 정부의 시장 개입안을 찾고 있습니다.

2. 이 직업을 선택하려면 어떤 공부(대학에서의 전공)를 해야 하나요?

대학 입학 후, 다양한 사회활동을 하게되면서 원래의 전공인 화학보다는 사회를 다루는 사회학, 언론학, 철학, 도시계획학에 관심이 쏠렸습니다. 그래서 다양한 분야의 스터디그룹을 통해 다방면의 탐구생활을 한 결과 마침내 석사를 도시계획으로 정하고 30년간 연구하여 지금에 이르게 되었답니다. 4년의 탐구 결과 제가 하고픈 꿈을 찾아낸 경우이죠. 도시계획을 하려면 다양한 분야의 지식이 필요합니다. 도시계획은 정책학, 철학, 사회학, 건축학, 환경공학 등 다양한 분야에 걸친 다학제간 실천 학문이기 때문입니다. 좀 늦게 꿈을 찾게되더라도 실망하지 말고 내 가슴이 뛰는 일이 무엇인지 가열차게 찾아내기를 바랍니다.

3. 이 직업의 장점(좋은 점, 의미있는 점)과 단점(힘든 점)이 궁금합니다!

저의 직업인 '연구원'의 장점은 내가 관심있는 질문을 직접 연구 주제로 택할 수 있고 다양한 방법론과 해외 네트워크를 활용하여 최적의 해법을 찾아낼 수 있다는 점입니다. 게다가 책상위의 연구에서 그치는 것이 아니라 연구결과를 바로 현장에 적용하고 국내뿐만 아니라 해외 전문가들과의 토론을 통해서 더 좋은 해법을 찾을 수 있습니다. 동전의 앞뒷면과 같겠지만 단점 역시 여기서 비롯됩니다. 연구결과가 바로 우리 삶에 영향을 미치기 때문에 연구결과에 대한 부담감이 크다는 점입니다. 따라서 늘 매우 신중한 접근으로 결과를 도출하려는 긴장된 노력이 필요합니다.

4. 이 직업의 미래 전망을 어떻게 생각하세요?

주거와 도시 등 우리 삶터에 대한 연구는 인류가 존재하는 한 필수적인 이슈이기에 미래에도 이 분야의 수요는 증가할 것입니다. 게다가 인구구조의 급변, 기후변화, 사회 양극화, 불균등 발전 등 불균형 이슈가 심화되고 있으므로 이를 완화시킬 수 있는 기제 중 하나이자 사회 안전망으로서 지속가능한 주택·도시정책의 의미도 보다 더 중요해 지리라 예상됩니다.

5. 이 일을 하기 위해 중,고등학생 때 하면 도움이 되는 공부나 활동이 있을까요?

현상인식의 능력이 해법도출의 능력을 가져옵니다. 사회이슈 관련 유튜브나 신문 등 사회에 대한 다양한 현상들을 꾸준히 지켜보세요. 그리고 가능한 선에서 다양한 사회활동도 접하길 바랍니다. 질문이 훌륭한 사람이 진짜 전문가입니다. 국가가 시장에 개입하면서 사회 문제를 어떻게 해결해 나갈까? 부작용을 어떻게 최소화할까? 지속가능한 주거재생은 가능한가? 등에 대한 나만의 관점이 필요합니다. 플래너에게 꼭 필요한 질문이라고 생각합니다.

6. 이 직업을 꿈꾸는 청소년들에게 마지막으로 한 말씀을 부탁드립니다!

돈 잘 버는 일보다 내가 재미있어서 평생해도 계속 할 것 같은 일을 찾아보세요. 국내에만 머물지 말고 세계 스탠다드에 다다를 수 있도록 기여할 수 있는 분야를 찾아보세요. 그것을 달성하는데 내 노력이 절묘하게 쓰이고 있다는 것을 느낄 때, 그 희열이 보다 더 짜릿할 것이기 때문입니다.

Lee, Jaehoon

이재훈 단국대학교 건축학부 교수

주요학력 및 이력
- 서울대학교 건축학과 졸업 (학사, 석사, 박사)
- 일건종합건축사사무소 (1990~1991)
- MIT 건축학과 객원교수 (1995~1996)
- 2017 UIA 서울세계건축대회 조직위원회 위원,
- UC Berkeley Center for Korean Studies 객원교수 (2018~2019)
- 한국도시설계학회 교육원 원장 (2022~현재)

전문가가
소개하는
도시분야
진로탐색

1. 자기소개를 부탁드립니다.

저는 대학에서 건축을 공부하고(당시에는 건축학과에서 건축, 인테리어, 도시를 모두 배우던 시절), 대학원 과정에서 건축환경심리를 배우고, 박사과정에서 도시설계 프로젝트에 참여를 하면서 도시에 대한 이해를 넓혀 갔으며, 박사논문은 인간의 마음속 이미지가 어떻게 건축공간을 만드는 데 작용하는가에 대한 연구를 하였습니다. 졸업후 88 올림픽 선수촌을 설계한 일건건축사무소에서 일하면서 연구단지 설계의 책임을 맡아 진행하였고, 1991년부터 단국대학교 교수로 활동하여 왔습니다.

앞서 말씀 드린 바와 같이 제가 공부하던 시절에는 건축과 도시가 분리되지 않았던 시절이라 학교에 재직하면서 진행했던 프로젝트들도 건축과 도시의 경계에 있는 대형프로젝트들에 참여하여 왔습니다. 천안시의 주거단지 특징에 대한 연구, 한국형 전원주택단지 설계방향연구, 도시주거연구 등의 연구를 진행하면서 건축과 도시의 접점에서 우리나라 건축도시환경의 조성에 힘써왔습니다.

2. 이 직업을 선택하려면 어떤 공부(대학에서의 전공)를 해야 하나요?

도시는 사람들이 살아가는 공간환경의 총체로서, 거시적인 시각에서 도시공간구조, 도로체계, 조경, 환경 등을 어떻게 조직해야 하는가에 대한 광범위한 공부도 필요하겠지만, 제 입장에서는 건축처럼 인간과 공간이 직접적으로 어떻게 상관되는 가에 대한 지식이 중요하다고 생각합니다. 인간의 환경에 대한 심리적 반응, 미적 반응 등의 결과물로서 도시가 만들어지는 것이 필요하고, 도시전문가로서 그 밑바탕이 되는 공부가 건축이라고 생각합니다.

3. 이 직업의 장점(좋은 점, 의미있는 점)과 단점(힘든 점)이 궁금합니다!

도시전문가는 그야말로 사람들이 사는 도시를 만들어 나가는 직업이기 때문에 막중한 책임을 지고 있고, 그들의 정책, 디자인 하나하나가 도시민들의 삶을 바꾸는 결정적인 결과물이 될 수 있기 때문에 기초지식이 풍부해야 하며, 다방면의 인문학적, 사회학적 지식이 필요합니다. 그만큼 많은 공부가 필요하고 신중한 자세로 도시디자인에 접근할 필요가 있습니다. 그러나 다른 측면은 자신의 도시 디자인 결과에 따라 사람들이 풍족한 도시생활을 누릴 수 있다는 보람을 가지게 됩니다.

4. 이 직업의 미래 전망을 어떻게 생각하세요?

국가가 선진화가 되면, 대개는 도시화율이 90% 이상 되면서 나라별로 도시가 다 완성되는 상황이 될 수 있습니다. 그럴 경우 도시디자인은 새로운 신도시를 만드는 프로젝트 보다는 기존의 도시를 어떻게 재생시킬 것인가에 촛점을 맞추게 됩니다. 도시디자이너가 꿈을 짓기 보다는 도시민들의 기존의 삶을 개선하는 쪽에 촛점을 맞춰 작업이 이루어질 가능성이 많습니다. 그 경우 디자인보다는 리서치에 촛점이 맞춰질 가능성이 많습니다. 물론 중동이나 아프리카 등 아직도 도시화율이 굉장히 낮은 나라들도 많기 때문에 세계적인 배경에서는 아직도 도시전문가가 새로운 도시를 만들어야 하는 일이 많습니다. 최근에 사우디 아라비아에 짓기로한 네옴시티는 그러한 신도시 중의 하나가 될 수 있고, 도시전문가들이 역량을 모아 미래도시로서 완성해나갈 책무를 갖게된 프로젝트라고 하겠습니다.

5. 이 일을 하기 위해 중,고등학생 때 하면 도움이 되는 공부나 활동이 있을까요?

도시가 결국 사람사는 세상을 만드는 것이기 때문에 사람에 대한 이해의 폭을 넓혀 가는 것이 가장 중요합니다. 어린 시절, 책을 많이 읽고, 여행을 많이 다니면서 사람사는 세상에 대한 이해를 넓혀가면 좋겠습니다. 물론 심시티 처럼 게임을 통해 자기만의 도시를 만들어가며, 상상력을 키워가는 것도 좋은 방법이기는 하지만, 이런 경우에도, 친구들과 함께 게임을 한다면 서로 다른 관점에서 도시를 바라보는 시각이 생길 수 있을 것입니다. 직접적인 체험으로는 자기가 살고 있는 아파트 단지, 마을의 길거리 청소를 해보거나 단지내 커뮤니티 시설들을 활용하며 이웃과 체험을 공유해보는 것도 좋은 방법이 될 수 있다고 생각합니다.

6. 이 직업을 꿈꾸는 청소년들에게 마지막으로 한 말씀을 부탁드립니다!

도시전문가를 꿈꾸는 것만으로도 이미 도시전문가의 자질을 갖고 있다고 생각합니다. 사람사는 모습이라는 인문학적 배경을 물리적인 도시구조로 만들어내는 창조적 분야입니다. 모두가 꿈꾸는 멋진 세상을 만드는 데 참여할 것이라는 포부를 갖고 매진하시기를 기원합니다.

Jeong, Yunnam

정윤남 전남대학교 건축학부 부교수

주요학력 및 이력

- 고려대학교 도시계획 및 설계 박사 (2018)
- 고려대학교 도시계획 및 설계 석사 (2010)
- 고려대학교 건축공학 학사 (2007)
- 전남대학교 교수 (2019~현재)
- 서울연구원 초빙부연구위원 (2018~2019)
- 고려대학교 연구교수 (2016~2018)
- 밀라노공과대학 초빙교수 (2013~2016)

1. 자기소개를 부탁드립니다.

안녕하세요. 현재 전남대학교 건축학부의 건축·도시설계전공 분야를 지도하고 있는 정윤남입니다. 지속가능한 도시 및 건축공간 조성방안, 도시재생 및 지역활성화 방안 등에 대하여 연구하고 있습니다.

2. 이 직업을 선택하려면 어떤 공부(대학에서의 전공)를 해야 하나요?

도시설계 분야는 각 대학마다 소속학부나 학과가 조금씩 다르고, 연계분야도 다양한 특성을 지닙니다. 제가 졸업한 학교나 현재 소속된 학교와 같이 건축학과 또는 건축학부 내에서 세부 전공으로 도시계획 및 설계 분야를 전공하기도 하고, 도시공학, 지리학, 경제학, 조경학 등의 분야에서 전공을 하는 경우도 있습니다.

3. 이 직업의 장점(좋은 점, 의미있는 점)과 단점(힘든 점)이 궁금합니다!

제가 이 직업을 선택한 가장 큰 이유는 끊임없이 변화하는 다양한 건축, 도시 공간에 대하여 탐구하고, 그 결과물을 공유하며, 더 나은 방안을 제시하기 위한 고민과 연구를 지속적으로 이어갈 수 있다는 점이었습니다. 특히, 이 분야의 전공자뿐 아니라 사람들의 일상과 밀접하게 연계된 분야로서 사람들의 생활 수준과 삶의 질을 높이기 위한 방안을 모색하고 연구한다는 점에서 더욱 흥미롭고 매력적인 분야라고 생각합니다. 또한, 교수라는 직업은 교육과 연구를 진행하고, 지역사회를 위한 위원회, 평가, 자문 등의 다양한 활동을 하는데, 이러한 교육·연구 과정에서 관련 지식과 정보를 공유하거나 발전시키고, 정책, 사업, 심의·평가 등에서 적용과 모니터링이 가능하다는 점, 또 이를 통해 더 나은 방법과 대안을 모색해 나갈 수 있다는 점에서 가치있고 의미있는 일이라 생각합니다. 다만, 이처럼 동시에 여러 역할과 업무를 수행해야 한다는 점에서 여러 가지 어려움을 겪기도 합니다. 다양한 시공간 속의 다채로운 도시공간과 그곳의 사람들, 문화, 역사, 환경 등을 이해하고, 연구하는 데에는 늘 열린 마음과 새로운 것을 탐구하고자 하는 의지와 노력이 필수라는 점도 알려주고 싶습니다.

4. 이 직업의 미래 전망을 어떻게 생각하세요?

도시설계와 계획 분야는 우리의 일상생활과 밀접한 관련이 있으며, 최근 전 세계적으로 직면한 기후변화, 에너지전환, 자원고갈, 사회갈등 등 여러 변화와 위기에 대응하기 위한 측면에서 더욱 필요한 분야가 될 것입니다. 또한, 더 나은 공간을 만들어가기 위해 다양한 이론과 기법을 연구하고, 관련 사업과 정책 및 제도를 수립하며, 물리적 환경 조성과 효과적인 유지관리 방안을 모색하는 학문인 도시설계 분야를 교육하고 연구하는 일 역시 미래에 더욱 가치있고 의미있는 직업이 될 것이라 생각합니다.

5. 이 일을 하기 위해 중,고등학생 때 하면 도움이 되는 공부나 활동이 있을까요?

도시와 건축은 멀리 있는 것이 아니라, 바로 우리가 살아가고 경험하는 공간입니다. 따라서, 현재 살고 있거나 생활하는 장소들, 여행하거나 방문하게 되는 여러 곳을 더욱 관심있게 살펴보고, 다양하게 기록해보는 일들이 도움이 될 것 같습니다. 이때 단순히 바라보거나 사진만 찍기보다는 반드시 "어떻게", "왜"를 포함한 질문들을 던져가면서 기존의 공간과 경험도 새로운 관점에서 바라보고, 더 나은 방법을 고민해 보는 것도 좋겠지요. 시각적으로나 물리적으로 드러나는 부분만이 아니라 사회적, 문화적 이슈와 맥락에 대해서도 함께 살펴보려는 노력도 필요합니다. 직간접적으로 다양한 공간을 경험하고 비판적으로 생각해보는 과정은 분명 도움이 될 것이며, 특히, 우리 분야에 관한 여러 좋은 책들을 접하도록 권장하고 싶습니다.

6. 이 직업을 꿈꾸는 청소년들에게 마지막으로 한 말씀을 부탁드립니다!

대학에 오셔서 곧 만날 수 있기를 기대하겠습니다!

Jung, Jongdae

정종대   서울시 주택정책센터 센터장

주요학력 및 이력

- 서울대학교 건축학 박사 (2004)
- 서울대학교 환경대학원 석사 (1996)
- 서울시립대학교 건축공학과 학사 (1994)
- 서울특별시 주택정책지원센터장 (2009~현재)
- Columbia University 건축도시대학원 방문교수 (2006~2009)
- LH공사 주택도시연구원 연구원 (1996~2006)

<덴마크 사절단 방문>

<fxcollaborative 방문>

<2023 주거포럼 전시행사>

1. 자기소개를 부탁드립니다.

저는 현재 서울특별시 주택정책실에서 주택정책개발을 담당하고 있으며, 주택통계, 부동산 시장분석, 주택공급 현황분석, 주거실태 조사 등을 총괄하고 있으며 이러한 주택통계 및 시장동향을 등을 체계적으로 분석하여 서울시 주택정책의 방향을 제시하고 있습니다.

2. 이 직업을 선택하려면 어떤 공부(대학에서의 전공)를 해야 하나요?

주택정책은 그 분야가 매우 다양합니다. 우선 주택의 공급정책과 관련해서 주택건설 및 공급 대한 지식을 배울 수 있는 건축학, 도시공학, 부동산학, 주거학 등이 있고, 주거복지 및 주택관리 측면에서는 경제학, 지리학, 사회학, 복지학, 주택관리 등의 지식을 습득할 수 있는 과정이 있는 학과를 선택하여야 할 것으로 봅니다. 저는 개인적으로 주택정책학은 학부 이상의 전공과정을 이수하는 것도 중요할 것으로 판단됩니다.

3. 이 직업의 장점(좋은 점, 의미있는 점)과 단점(힘든 점)이 궁금합니다!

공공분야에서 전문지식을 바탕으로 공공정책을 직접 입안하고 지원할 수 있다는 것은 매우 보람되며 성취감 또한 크다고 하겠습니다. 다만 공무원에게 주어지는 신분보장의 장점과 더불어 공무원 갖추어야 하는 도덕성 및 여러 가지 형식적 근무환경 및 근무 분위기에 적응 할 수 있는 자세가 필요하다고 하겠습니다.

4. 이 직업의 미래 전망을 어떻게 생각하세요?

앞으로 공공분야의 정책환경은 더욱더 고도화되고 다양화될 것으로 생각됩니다. 특히 건축, 주택, 도시분야에 있어 전문지식을 바탕으로 한 공공정책은 더욱 더 중요해 지리라 판단됩니다.

5. 이 일을 하기 위해 중,고등학생 때 하면 도움이 되는 공부나 활동이 있을까요?

5. 이 일을 하기 위해 중, 고등학생 때 하면 도움이 되는 공부나 활동이 있을까요?
다양한 도시공간, 건축공간을 경험할 수 있는 답사, 여행 등을 많이 했으면 합니다. 사찰과 같은 고건축, 마을과 도시의 뒷골목 등 다양한 공간을 체험하는 것이 무엇보다 중요할 듯 합니다.

6. 이 직업을 꿈꾸는 청소년들에게 마지막으로 한 말씀을 부탁드립니다!

건축과 도시를 전공하고 주택정책을 한다는 것은 매우 높은 수준의 전문분야인 동시에 우리의 실생활인 의식주 중의 하나인 주택을 대상으로 한다는 점에서 매우 현실적인 분야일 수 있다는 점이 최대의 장점인 듯 합니다. 아울러 공무원이면서 전문가를 꿈꾸는 것은 매우 추천할 만한 직업이라 생각됩니다.

Cho, Young tae

조영태 LH토지주택연구원 도시연구단장

주요학력 및 이력
- 고려대학교 대학원 건축공학과 석, 박사 (1997~2003)
- 고려대학교 건축공학과 학사 (1991~1997)
- LH토지주택연구원 (2005~현재)
  스마트도시연구센터장 (2016~2020)
- 경기연구원 (2003~2005)
- 고려대학교 건축학과 겸임교수 (2017~2020)
- 독일 함부르크공대(TUHH) 방문연구원 (2021~2022)
- 국토교통부 중앙건축위원회 (2019~2021) / 신도시포럼 (2019~현재)

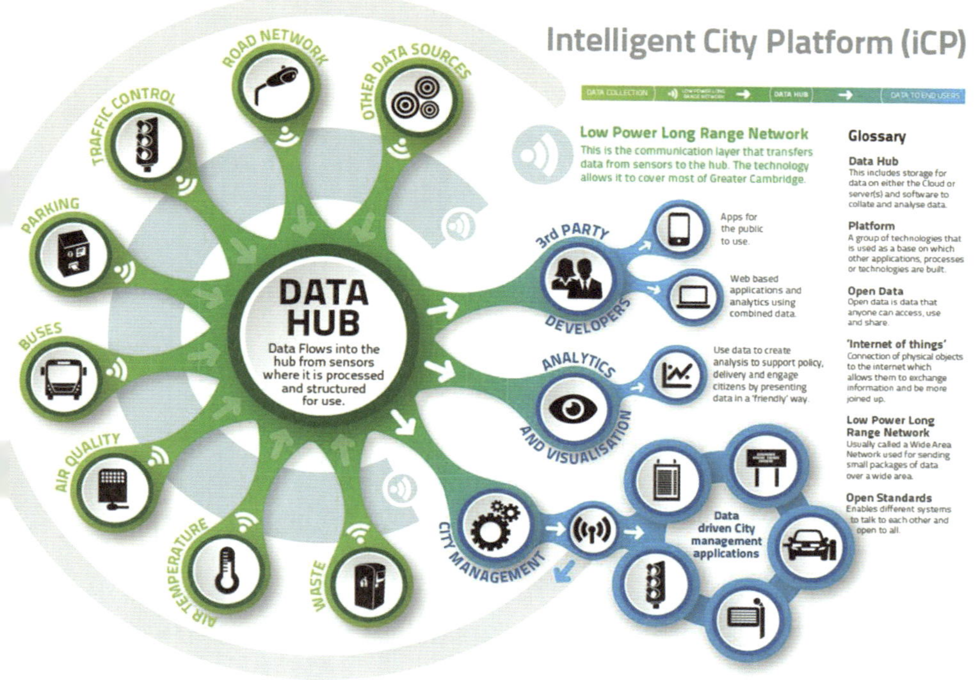

< AI기반의 스마트한 도시정보관리시스템, 데이터 허브 >

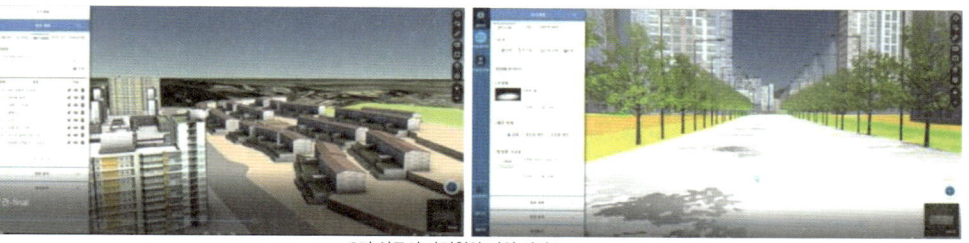

3기 신도시 사전청약 지원 서비스

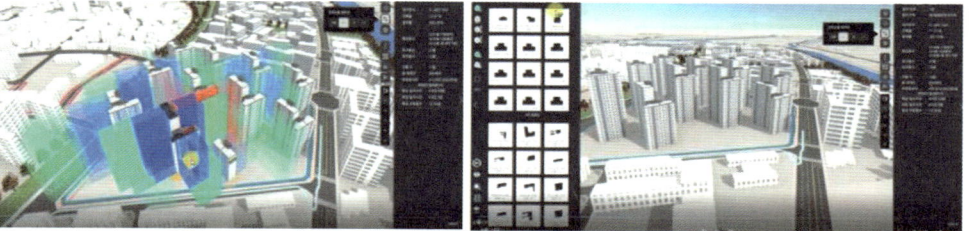

AI 기반 도시·건축 통합계획 입체적 분석 서비스

< 스마트시티 유용한 도구, 디지털트윈 >

1. 자기소개를 부탁드립니다.

LH토지주택연구원에서 스마트시티를 연구하고 있습니다. LH는 도시 개발과 정비, 그리고 공공주택 공급과 관리를 담당하는 국가 공기업이며, 저희 연구원은 LH의 다양한 도시개발과 주택공급 관련 분야를 다루고 있습니다. 지방정부인 서울특별시, 인천광역시, 경기도 등에서도 LH와 같은 역할을 하는 지방 공기업과 산하 연구원이 존재합니다.

2. 이 직업을 선택하려면 어떤 공부(대학에서의 전공)를 해야 하나요?

스마트시티는 '도시의 정보를 활용하여 효과적으로 운영되는 도시(data-driven smart city)'로 정의되며, ICT와 건설을 기초적인 기술분야로 규정하고 있습니다. 도시 및 건축, 토목과 같은 건설분야와 ICT의 융복합적인 산물이 스마트도시라 할 수 있습니다. 우리의 도시와 커뮤니티를 이해하고 ICT에 대한 기초소양을 갖춘다면 스마트시티에 대한 접근이 용이합니다. 실제 이 분야의 전문가들은 건축, 토목, 교통, 도시, 조경, 지리, 사회, 전자공학, 컴퓨터공학 등 다양한 분야에서 출발한 사람들이 융복합적인 시각을 가지고 협력하고 있습니다.

3. 이 직업의 장점(좋은 점, 의미있는 점)과 단점(힘든 점)이 궁금합니다!

스마트시티는 도시에 대한 새로운 접근이며, 융복합적인 시각을 바탕으로 합니다. 새로운 개념이므로 이를 가늠하고 이해하기 위해서는 다양한 주변의 시각과 사례를 참고합니다. 새로운 사례를 찾아 세계 각국의 정책, 도시를 둘러보는 것이 저에게는 가장 매력적인 점입니다. 북유럽에서 남미, 아프리카까지 스마트시티는 곳곳에 존재합니다. 그것들을 스마트시티로 이해하고 찾아내는 노력이 필요합니다. 대학에서 건축 및 도시설계를 전공한 저에게는 인공지능, 빅데이터, 클라우드 등 새로운 기술이 등장하고 있고 시시각각 변하며, 불확실하다는 점이 받아들이기 힘든 부분입니다. 어렵다고 피하기만 한다면 결코 이해할 수 없기 때문에 새로운 기술에 대한 공부를 계속해야 합니다.

4. 이 직업의 미래 전망을 어떻게 생각하세요?

미래는 불확실합니다. 스마트시티는 불확실한 도시의 상황을 슬기롭게 대처하고자 하는 전분분야입니다. 많은 정보와 기술을 결합하여 미래를 예측하고 이를 도시에 활용하는 것이 스마트시티입니다. 최근 스마트시티는 기후위기 등 지구적 위험에 대응하기 위해 탄소중립 기술 등과 결합한 스마트그린시티로 진화하고 있습니다. 미래에도 이러한 지구의 도시의 문제해결을 위해 스마트그린시티는 유용할 것입니다.

5. 이 일을 하기 위해 중,고등학생 때 하면 도움이 되는 공부나 활동이 있을까요?

중,고등학생 때에도 우리의 도시와 동네, 건축에 관심을 가지는 것이 좋습니다. 일상 생활에 대해 그 구조를 이해하고 체감하며, 표현할 수 있으면 스마트시티 전공선택에 도움이 됩니다. 사진, 스케치 등 표현 수단에 익숙해지면 자신감있게 도시, 건축, 스마트시티를 접할 수 있습니다.

6. 이 직업을 꿈꾸는 청소년들에게 마지막으로 한 말씀을 부탁드립니다!

청소년들에게 제한된 미래는 없습니다. 많은 전문가들은 우연히 그 길로 접어 들었다라고 말합니다. 그러나 실제로는 100% 우연보다는 관심과 준비가 그 길로 이끌었을 것입니다. 잘할 수 있는 일, 해보고 싶은 일에 관심을 가지고 도전해보세요.

Hwang, Sewon

황세원 중앙대학교 건축학부 조교수

주요학력 및 이력
- 서울대학교 환경대학원 도시계획학 박사 (2018)
- 하버드대학교(Harvard Univ.) 건축학 석사 (2009)
- 시카고예술대학교(SAIC) 실내건축학 석사 (2005)
- 고양시 건축위원 (2023~25)
- 한국연구재단 전문위원 (2022~24)
- 중앙대학교 건축학부 (2019~현재)

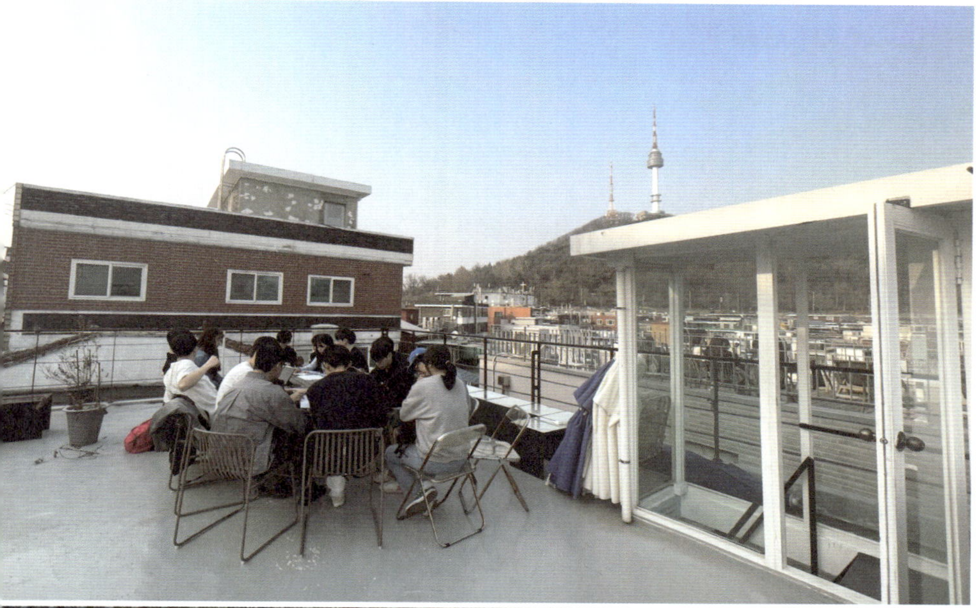

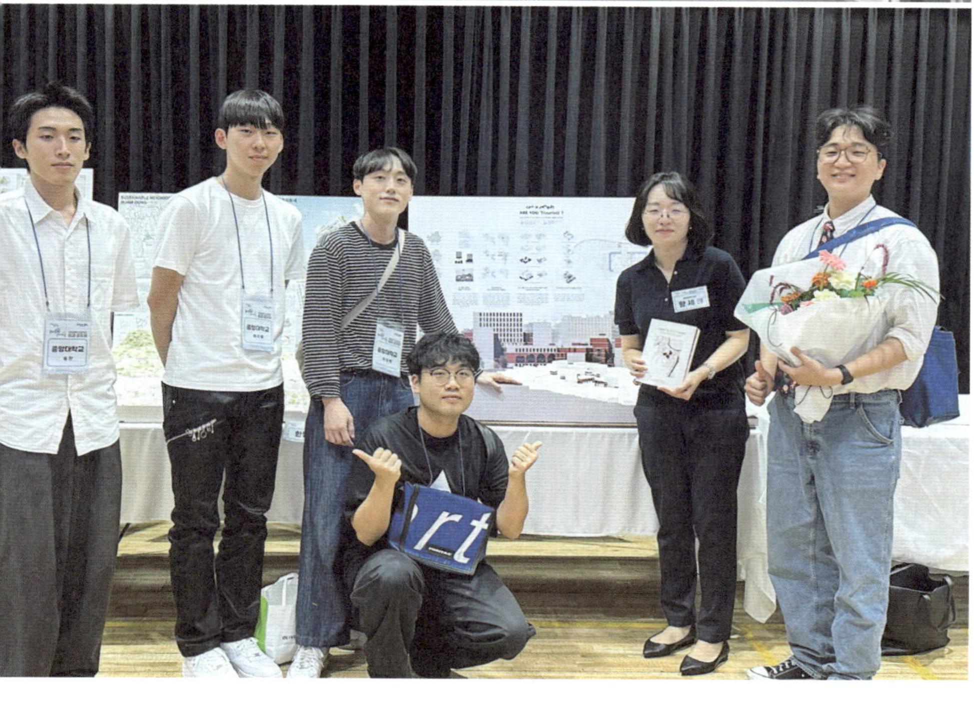

1. 자기소개를 부탁드립니다.

저는 학부에서 실내건축학을 공부하고 건축학 석사에 이어 도시계획학 박사를 수여 받았습니다. 지금은 중앙대학교 건축학부에서 학부생들과 도시형태및주거 연구실(UMHRG)과 함께 건축과 도시설계의 접점공간을 중심으로 한국의 아파트단지와 공동주택에 대한 문제의식을 탐구하고 있습니다. 이를 바탕으로 주거지에 대한 공간적, 물리적 환경과 함께 일상공간과 사회적 양상들에 대한 연구들을 수행하고 있습니다.

2. 이 직업을 선택하려면 어떤 공부(대학에서의 전공)를 해야 하나요?

도시와 건축, 환경과 관련한 학과뿐만 아니라 오히려 다양한 전공 배경을 가지고 다차원적인 공간에 대한 공부를 하게 되면 다른 시각으로 전문성을 가지면서 폭이 넓어질 수 있기 때문에 특정 짓지 않는 것을 독려합니다.

3. 이 직업의 장점(좋은 점, 의미있는 점)과 단점(힘든 점)이 궁금합니다!

건축 및 도시설계 전공교수로 학교에서는 학생들을 가르치면서 새로운 자극도 받으며 계속해서 공부하고 함께 성장하는 과정들이 참 좋습니다. 연구과제들을 통해 우리 사회 또는 국제적인 관점에서 흥미롭고 궁금한 점들에 대해 면밀하게 탐구할 수 있는 기회들도 주어져 좋습니다. 종합적인 영역들을 다룰 때가 많아서 혼자서 해결하기 보다 다양한 전문가들과 소통하며 교류를 반드시 해야하는 분야입니다.

4. 이 직업의 미래 전망을 어떻게 생각하세요?

도시설계는 기술의 발전과 더불어 여러 사회적 이슈들과 맞물려 다양한 분야와 연계되어 있고 우리가 살아가는 공간과 환경에 대한 실행을 추구하는 분야이기 때문에 지속적으로 중요한 역할을 할 것이라고 생각합니다.

5. 이 일을 하기 위해 중,고등학생 때 하면 도움이 되는 공부나 활동이 있을까요?

일상적으로 마주하는 주변에 대해 비판적으로 질문을 던질 수 있도록 눈여겨 보고 고민해보는 힘을 기르는 것을 추천합니다. 왜 어떤 동네의 골목길을 걷다보면 구불구불하고 보차분리가 되어 있지 않은지, 예전에 도시 블록 안의 길들을 이리저리 돌아다녔던 기억이 있는데 어느 순간 커다란 아파트단지를 우회하며 갈 수 밖에 없는지, 버스 밖으로 보이는 풍경들 속에서 구릉지에 아파트 단지들이 빽빽한 도시경관으로 채워져가는지…도시공간을 걸으며 보며 마주하며 경험하며 계속해서 깊이 들여다 볼 수 있는 생각과 물음표의 씨앗들을 찾아나가는 출발점이 될 것 같습니다.

6. 이 직업을 꿈꾸는 청소년들에게 마지막으로 한 말씀을 부탁드립니다!

도시설계와 관련된 혹은 관련되지 않더라도 다양한 스펙트럼의 책과 매체를 통해서, 또는 여러 가지 도전과 경험, 시행착오들을 겪으며 영감(inspiration)과 자극을 받고 각자의 흥미로운 관점(perspective)들을 형성해나가길 바랍니다.

04

도시를 선택한 여러분에게

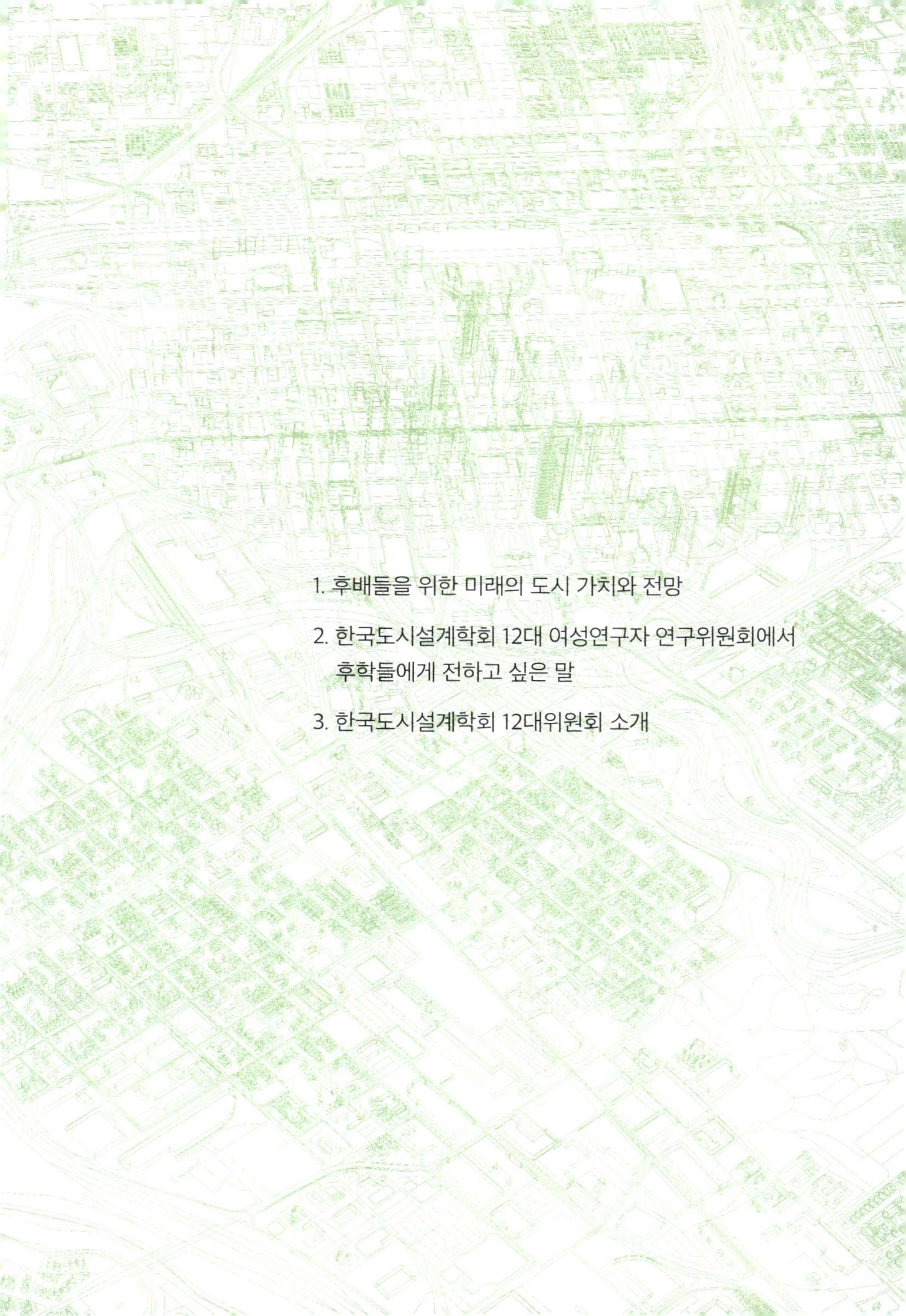

1. 후배들을 위한 미래의 도시 가치와 전망

2. 한국도시설계학회 12대 여성연구자 연구위원회에서
   후학들에게 전하고 싶은 말

3. 한국도시설계학회 12대위원회 소개

1. 후배들을 위한
   미래의 도시 가치와 전망

홍미영
Hong, Miyoung

회 사 명 : ㈜도시건축집단 아름
직 함 : 대표
이 력
- **학 력** : 서울시립대 건축공학과 졸업
  홍익대학교 도시계획학과 석·박사
- **경 력** : ㈜시감종합건축사사무소
  ㈜해안종합건축사사무소
  한양대학교 도시대학원 및
  홍익대학교 겸임교수

㈜도시건축집단 아름

- ㈜도시건축집단 아름은 도시계획에서 도시설계에 이르는 분야뿐만 아니라 더 좋은 도시를 위한 도시정책을 제안하는 도시의 크리에이터를 표방함
- 따라서 기존의 제도적인 틀에 얽매이는 것이 아니라 도시를 더 풍요롭게 하며, 도시의 장점을 더 강화하고, 도시의 가려진 문제를 보완하는 다양한 일을 추진하고 있음
- 특히 역세권 개발과 관련한 제도 설계를 통해 역세권의 중요성을 부각하고, 직주근접의 실현과 보행일상권의 실현을 위해 역세권장기전세주택, 역세권청년주택, 역세권활성화사업, 역세권고밀개발 등의 제도 신설과 추진을 하고 있음
- 청년을 위한 도시 정책으로 <캠퍼스타운>계획을 통해 대학과 지역을 연계하여 지역과 청년의 창업역량을 강화하는 제도를 제안·시행하였으며, 특히 대학의 역량 강화를 위한 세부시설조성계획과 혁신성장구역 등의 제도를 마련하여 대학의 발전과 도시 경쟁력을 강화하는 방안을 마련하고 있음
- 또한 도시의 환경과 서비스를 책임지는 공공청사, 시장, 유통업무설비, 체육시설 등 각종 도시계획시설의 합리적인 관리방안을 마련하여 보다 건전한 도시생활서비스 제공을 도모하고 있음
- 더불어 삶의 질을 개선하는 지역의 발전 마스타플랜 및 수변감성도시 마스타플랜 등 사람과 가까운 도시에 대한 비전과 경험을 설계하고 있음
- 그 밖에도 민간과 협력하여 터미널의 복합개발, 역세권의 정비, 노후지역의 정비 등을 계획·수립하고 있음

① 미래도시에 가장 중요한 **가치**는 무엇일까요?

우리가 코로나를 겪으며 대두되는 하나는 공원·녹지입니다. <숲세권>이라는 단어가 나올 정도로 인간이 모방할 수 없는 것이 자연입니다. 따라서 미래도시는 지상에서의 녹지뿐만 아니라 입체적인 녹지 배치를 통해 인간의 삶을 얼마나 쾌적하고, 풍요롭게 하는 척도가 될 것으로 생각합니다. 그런 의미에서 도시에서 누구나 쉽게 접근할 수 있고, 네트워크 되는 공원·녹지의 배치는 매우 중요해 질 것으로 보여집니다. 이를 위해 뒷받침 되는 것이 가로입니다. 걷기 편한 도시, 걷기 좋은 도시 그리고 즐길 수 있는 도시가 중요한 가치가 될 거라 봅니다.

② 미래 도시관련 전공의 **전망**은 어떨까요?

인공지능이 세상의 직업관을 바꿔놓을 거라 얘기를 자주 합니다. 그런 의미에서 도시계획과 설계는 지속가능한 직업이 될 거라 보여집니다. 도시계획과 설계는 사람과 사회에 대한 깊은 이해를 바탕으로 세부적인 문제 해결을 위한 것부터 거시적인 마스타플랜에 이르기 까지 다양한 사회 문제를 다루고 있습니다. 특히 문제에 대한 해결책이 특정집단의 혜택을 지양하며, 모두를 위한 도시, 모두를 위한 형평성을 지향함에 따라 인공지능의 정답으로 좌우되는 직업관을 만들기 어려울 것으로 보입니다.

하지만 많은 사람들의 이해와 지속적인 도시 개선은 협력과 사고력을 요구함에 따라 도시를 위한 열정과 도전이 요구됩니다.

③ 후배에게 한마디

도시계획과 설계는 마인드가 중요합니다. 내가 하고 있는 일이 도시를 바꿀 수 있다는 신념으로 열정과 도전이 요구되는 직업입니다. 또 많은 이해관계자와 협력을 통해 도시를 변화시킴에 따라 인내도 요구되는 직업입니다. 큰돈을 벌 수는 없지만, 도시 아름답게 하고, 사람들을 즐겁게 하고, 또 도시의 문화를 바꾸는 의미 있는 직업에 도전할 수 있음 좋겠습니다.

세종특별자치시 5-1생활권
스마트시티 국가시범도시 조감도

서부산 행정복합타운
(제2시청사) 조감도

김 재 석
Kim, Jaeseok

회사명 : 에이앤유디자인그룹 건축사사무소㈜
직 함 : 설계본부장/ 전무

이 력
- 학 력 : 건축사, 인하대학교 겸임교수
  1977년 서울출생, 명지대학교 건축학부
  University of Sheffield, School of Architecture 졸업
- 경 력 : 부산광역시 제2시청사, 세종시 한국전력통합청사,
  국립공원관리공단본부, 인천보훈병원, 전남대 의생명융합센터
  한국수자원공사 대전지역본부, 대전역세권(2-1) 재정비사업
  삼성동 L7 호텔, 동대문 JW Marriott Hotel, SK V1 Motors
  남양주 현대프리미어캠퍼스, 마곡지구 명소화부지 업무시설
  세종시 5-1생활권 스마트 국가시범도시 등의 프로젝트 참여

에이앤유디자인그룹 건축사사무소㈜

ANU Design Group은 창조와 열정, 그리고 혁신의 정신을 바탕으로 출발한 건축설계전문회사로서 "창의적인 디자인을 통한 풍요로운 도시공간의 가치창출"을 지향하는 건축도시디자인 전문가 그룹입니다. ANU Design Group은 전문분야별 최고의 인적 구성을 통해 독창적 디자인의 우월성을 확보하고 통합디자인 Solution을 통해"독창적 디자인과 차원 높은 문제 해결능력을 통한 고객 무한감동"의 결과를 확신합니다. ANU Design Group은 건축문화를 선도하는 리더그룹으로서의 사회적 책임을 완수하고, 성공적인 사업의 완성을 위하여 "끊임없는 자기혁신과 실천을 통해 고객과의 약속을 성실히 수행"해 나아갈 것입니다.

1 미래도시에 가장 중요한 가치는 무엇일까요?

현재 우리나라는 전 세계가 직면하고 있는 기후 위기, 코로나 19와 같은 전염병의 확산, 환경오염뿐만 아니라 유래없는 인구감소와 고령화를 경험하고 있습니다. 이제는 발전의 개념을 다시 돌이켜 보고, 도시가 직면한 복잡한 문제들을 되감아 생각해 봐야 하는 시기입니다. 기후의 변화와 공해로부터 발생하는 수많은 불확실성에 대응하여 도시 공간과 시스템의 변화가 끊임없이 이루어져야 미래도시의 지속가능성이 담보될 수 있다고 봅니다. 무엇보다 '상생'의 가치 안에서 내외부로부터 발생하는 다양한 변화에 대한 '예측가능성'을 높이고, 이를 바탕으로 도시 공간과 시스템의 '유연성'과 '적응력'을 높이는 것이 중요하다고 생각하며, 지속가능성을 목표로 우리의 생각과 태도를 전환하고, 인공지능, 디지털 전환, 스마트기술, 친환경 기술이 이러한 가치를 실현하는 방향으로 사용될 수 있도록 노력하는 것이 필요합니다.

2 미래 도시관련 전공의 전망은 어떨까요?

도시와 건축은 더욱 더 협력적인 직업이 되어야 한다고 생각합니다. 앞으로 지속가능한 도시를 만들기 위해서는, 도시에 대한 전반적인 이해를 바탕으로 한 '융합형 인재'가 절실히 필요할 것입니다. 도시는 건물들 뿐 만 아니라, 건물들 사이의 공간에 의해서 정의됩니다. 집에서부터 아이들을 학교에 데려다 주는 거리와 공원, 좋은 교육시설, 안전하고 편리한 교통체계가 합쳐진 것이 도시이며, 이러한 환경이 우리의 삶의 질을 결정하고 행복에 영향을 줍니다. 개선되어야 할 수많은 문제들이 여전히 진행되고 있습니다. 건축과 도시 관련 전공자들은 기술 혁신 속에서 다양한 인재들과 협력하면서 도시 공간과 시스템을 수정하고 개발해나가는 중요한 역할을 해나갈 것이라고 봅니다.

3 후배에게 한마디

환경의 위기는 도시와 건축에 새로운 역할을 부여하고 있습니다. 우리는 우리가 하는 일의 중요성을 절대로 잊어서는 안 되며, 더욱 더 참여적이 되어야 한다고 생각합니다. 우리 주변의 도시환경과 그 안에서 살아가는 사람들을 섬세하게 관찰하고 탐구하는 마음을 가진다면, 더 큰 담론인 사회와 환경, 공동체의 삶과 거리의 질에 대해서 얘기할 수 있습니다. 이제는 누구도 더 이상 환경 문제를 쉽게 넘기고 무시할 수 없으며, 도시설계자와 건축가들이야 말로 이러한 문제를 제기하고 해결을 요구할 수 있기 때문입니다. 관습에 얽매이지 않고 다양한 분야의 경험과 지식을 쌓아 도시에 대해 말할 수 있는 자신감을 가진 전문가로 성장하길 바랍니다.

황 정 현
Hwang, Junghyun

회사명 : ㈜시아플랜건축사사무소
직 함 : 대표이사
이 력
- 학 력 : 서울대학교 건축학과 학사, 석사
　　　　서울대학교 건축학과 박사
- 경 력 : 다울건축 및 테제건축 근무
　　　　아토건축사사무소 대표이사
　　　　가천대학교 공과대학 건축학과 조교수
　　　　해군 OCS 시설장교

㈜시아플랜건축사사무소

시아플랜의 건축은 그 중심에 인간이 있습니다.

건축에 있어 도시 생활문화의 급격한 변화는 생태학적 관점, 도시 인프라 그리고 제반 기술 사항과 함께 친인간적 공간에 대한 배려가 요구되고 있습니다. 건축의 목적이 인간에게 쾌적하고, 아름다운 공간을 제공하는 것이듯, 시아플랜의 건축 디자인은 삶에 대한 깊은 이해와 남다른 열정에서 시작합니다. 이런 삶에 대한 뜨거운 열정과 이해를 통해 보다 친환경적이고, 친인간적인 건축 공간을 만들에 가고 있는 것입니다. 시아플랜은 인간과 삶에 대한 뜨거운 열정으로 더 높은 가치의 건축 공간을 창조하기 위해, 끊임없는 연구와 노력을 계속해 나갈 것입니다.

시아플랜의 생각은 어떤 틀에도 얽매이지 않고,
한계를 넘어선 자유로운 상상을 통해 보다 넓고, 보다 높은 세계를 향해 있습니다.
건축이란 기능성과 아름다움을 살려야 하는 고도의 창작과정을 거친 기능예술이기에
시아플랜은 보다 경제적이면서 기능성과 아름다움을 살린 차별화된 공간을
제공하고자 치밀한 계획과 설계로 상상이 상상으로만 끝나지 않도록
끊임없는 노력과 연구를 다하고 있습니다.

전문가가
소개하는
도시분야
진로탐색

1 미래도시에 가장 중요한 가치는 무엇일까요?

미래는 미래학이란 독립 학문분야가 있을 정도로 매우 복합적이며 단순히 정의되기 어렵습니다. 미래도시는 그 자체로서는 정의불가능이며 어떤 수식어가 붙는가에 따라 그 가치가 정의됩니다. 최근 여러 연구와 국가간 협약에서는 미래도시를 정주환경(BUILT ENVIRONMENT)의 관점에서 폭넓게 바라보고 있으며, 세계시민사회의 친환경적 지속가능 발전을 위해 다양한 실천방안들을 추진하고 있습니다.

실무에서 관련업의 종사자로서, 또한 스스로 개발도상국의 국민교육을 받은 사람으로서 현재 선진국 시민으로 교육받고 살고 있는 젊은 세대의 가치를 이해하기는 쉽지 않습니다. 하물며 한국의 미래도시에서 중요한 가치가 무엇인가를 규정하기는 더욱 힘듭니다.

여러 가지 측면에서 변모하고 분화되는 도시와 사회의 변화 모습을 통해 미래도시의 중심가치를 엿볼 수 있습니다. 즉 인구의 구조적 변화도 중요하고, 기술적 진보도 고려해야 하며, 거버넌스 측면도 미래도시에서 중요한 가치가 됩니다. 사견으로 미래 도시는 한 가지 도그마가 지배하지 않는 다양한 융합의 가치가 국지적 규모에서 중시될 것으로 예측됩니다. 한국의 미래도시별 중요한 가치는 후배들이 찾아야 할 것입니다.

2 미래 도시관련 전공의 전망은 어떨까요?

전통적인 도시관련 전공의 종류는 도시계획, 도시설계, 교통공학, 부동산, 도시사회학, 지적학, 토목엔지니어링, 건축학, 건축공학, 조경학, 환경공학 등 꽤 폭넓습니다. 현대 한국 사회가 급격히 변화하고 있기 때문에 기존의 전공 분류로는 부족함을 느끼게 되는 듯 합니다.

또한 한국 사회는 초고령화 시대의 빠른 진입과 젊은 세대의 출산기피 현상으로 발생한 인구 절벽이라 하는 감소현상 등 여러 쇠퇴의 징후를 보이고 있습니다. 혁신도시 등 신도시 개발의 동력도 힘을 잃어가고 있고 오직 재개발 재건축과 같은 자본의 논리에 따르는 주택시장만 반짝 활성화 되고 있습니다.

과거엔 마을의 도시화 과정을 겪었다면, 현재는 도시의 고도화를 거치고 있습니다. 미래도시는 많은 사람들이 초연결된 AI 로봇화된 스마트도시를 전망하고 있습니다. 예를 들면 디지털트윈의 기술이 발전하여 실제 도시의 여러 상황 데이터를 실시간으로 습득, 인지, 분석, 평가, 제어/반영하는 양방향 정보의 흐름과 활용이 중요해지고 있습니다. SNS 및 메타버스 기술로 가상 디지털 환경에서의 활동과 재화가 실제 삶으로 확장되기도 합니다. 따라서 기존의 도시관련 전공에 덧붙여 4차 산업혁명의 신기술과 관련된 기술 분야로 확장시켜야 하며, 새로운 분야의 새로운 시장이 더 활짝 열릴 것으로 기대합니다.

③ 후배에게 **한마디**

취업을 준비하는 예비 사회 초년생들은 경력의 시작을 어디에서 할 것인지를 고민했으면 좋겠습니다. 인생에서 경력사원은 관심분야에 따라 여러 번의 선택이 가능하지만, 대졸 신입사원은 보통 한 번입니다. 또한 사회에서 주도적으로 일하는 시점이 40-50대라면 지금의 고민, 경험과 준비는 그 시기를 위한 투자입니다. 미래의 내 자신을 위해 최대한 그리고 효율적으로 투자하는 게 좋습니다.

김 기 연
Kim, Kiyeon

회사명 : ㈜해안건축사사무소
직 함 : 해안 도시건축본부 본부장
이 력
- 학 력 : 서울대학교 공과대학 건축학과 학사
　　　　 서울대학교 환경대학원 환경조경학과
　　　　 도시설계전공 석사
　　　　 서울대학교 도시설계 협동과정 박사(수료)
- 경 력 : ㈜현대건설
　　　　 ㈜삼우종합건축사사무소 임원
　　　　 ㈜AoA건축사사무소 대표(공동)

주요 참여 프로젝트

해안건축사사무소

- 경부 간선도로 일대 공간개선 기본구상 (2023~)
- 서울시 국제경쟁력 강화를 위한 한강변 공간구상 (2022~)
- 서울시 철도부지 복합개발 가이드라인 수립 (2022~)
- LH 고양창릉 3기신도시 기본구상 및 입체적 도시공간계획 (2021~)
- LH 수원당수2 도시건축통합 마스터플랜 (2021~)
- 서울시 용산전자상가 일대 연계전략마련 (2021~)
- 새만금 관광레저용지 테마마을 (2021~)
- 시흥배곧신도시 특별계획구역 (서울대학교 시흥캠퍼스)
  종합계획 및 설계 (2013~2018)
- 서울시 마곡워터프론트 (중앙공원 식물원)
  마스터플랜 및 설계 (2008~2015)
- 국립생태원 마스터플랜 (2008)

마곡식물원

서울대학교 시흥캠퍼스

고양창릉3기신도시

수원당수2
입체적도시공간

AoA건축사사무소

- K-water 소양강댐 지사사옥 건축설계 (2021)
- LH 청양교월 및 예산주교 고령자복지주택 건축설계 (2019)
- LH 아산탕정 2-A6블럭 공동주택 건축설계 (희림주관) (2019)
- 한국전력공사 세종통합사옥 건축설계 (ANU주관) (2018)
- K-water 송산글로벌연구교육센터 건축설계 (다울주관) (2017)
- 하남우체국 건축설계 (2017)
- 김천소방서 건축설계 (2016)

삼우종합건축사사무소

- 시흥배곧신도시 특별계획구역 (서울대학교 시흥캠퍼스) 종합계획 및 설계 (2013~2018)
- 서울시 마곡워터프론트 (중앙공원 식물원) 마스터플랜 및 설계 (2008~2015)
- 삼성전자 영덕연수원 부지 개발사업 (2013~2014)
- 삼성전자 2014 전사업장 현황백서 (2014~2015)
- 기초과학연구원 조성을 위한 건축기본계획 (2011~2012)
- 삼성전자 수원캠퍼스 마스터플랜 (2005~2012)
- 시흥시 도시성장을 위한 마스터플랜 (2010)
- 무주 태권도공원 건립을 위한 기본계획 및 설계 (2006~2008)
- 송도 랜드마크시티 경관 상세계획 (2009)
- 국립생태원 마스터플랜 (2008)
- 삼척시 해양관광개발계획 (2008)
- 공주 고도역사문화관광 마스터플랜 및 설계 (2008)
- 경희대학교 캠퍼스 마스터플랜 및 사업화방안 (2007~2008)
- 한국 수력원자력(주) 본사이전 기본계획 수립 및 부지조사용역 (2007)
- 대한주택공사 신사옥건립 타당성조사 및 기본계획 (2007)
- 용산 국제업무지구 PF사업 (2007)
- 종합직업체험관 기본계획 마스터플랜 (2005)
- 구로철도 차량기지 개발 타당성조사 (2004~2005)
- 대성산업 신도림부지 (대성디큐브 시티) 개발구상 마스터플랜 (2003~2005)
- 동아대학교 부민캠퍼스 M/P 및 경영대학/사회과학대학 신축공사 설계 (2004~2005)
- 서울시 가로구역별 최고높이 지정을 위한 연구 (2000~2004)
- 서울시 반포아파트지구 개발기본계획 (2002~2004)
- 부산대학교 제2캠퍼스(양산) 마스터플랜 (2003~2005)
- 전주 문화산업 클러스터 조성 및 개발기본계획 (2003)

- 사천시 신청사건설 기본계획 (2002)
- 포항시 신청사건립 타당성조사 (2001)
- 이태원 가로환경개선디자인 기본계획 및 기본설계 (2001~2002)
- 광주 광산업육성 및 직접화를 위한 타당성연구 (2000~2001)
- 제주도 국제자유도시 사업성검토 및 마스터플랜 (1999~2000)
- 삼성전자 수원단지 개발기본계획 (1995~1996)
- 호텔신라 중장기 마스터플랜 기본계획 (1993~1994)
- 대구 제일모직부지개발 기본계획 (1994)
- 삼성본관 및 주변 리노베이션계획 (1994)
- 대전 엑스포 마스터플랜 기본계획 (1992)

학술단체 및 위원회 활동
- 한국도시설계학회 상임이사 (2016~2018)
- 세종대학교 건축학과 강의 (2014)
- 서울대학교 환경대학원 환경조경학과 논문 초빙심사위원 (2008~2011)
- 홍익대학교 건축학과 및 도시건축대학원 강의 (2005~2009)
- 동대문구 이문휘경 뉴타운 개발계획 자문 마스터플래너 (2006~2007)

① 미래도시에 가장 중요한 가치에 대해 후배에게 한마디

우주와 차원을 넘나드는 세상은 늘 변화하고 있습니다. 이것은 진리이자 변치않는 사실로 우리를 포함한 모든 생명체가 살고 있는 도시와 건축은 놀라운 질서를 보여줍니다. 그 질서는 틀이 있는 시스템을 가지고 건축과 외부공간으로 도시를 이룹니다.

이러한 도시건축에 전분야에 걸쳐 평생 수많은 과제와 프로젝트를 해왔지만 사람이 사는 공간의 의미, 주변 건물과의 조화, 자연환경과의 공존 등을 같이 고민하다보면 항상 새로운 시각으로 접근할 수 있다는 점에서 앞으로 많은 인재가 탄생하기를 기대하겠습니다.

한가지 아쉬운 점은 짧게는 수십년, 길게는 수백년을 내다보는 도시설계에 사회적 가치가 부족한 점이라고 할 수 있습니다.

2. 한국도시설계학회 12대 여성연구자 연구위원회에서 후학들에게 전하고 싶은 말

한국도시설계학회 여성연구자 연구위원회 위원장
숭실대학교 건축학부 부교수
공학박사 **유 해 연**

땅을 보고 걷지 말고,
주변을 최대한 멀리 바라보세요.
그동안 미처 살피지 못했던
도시의 물리적, 환경적 변화를 경험하게 될 거에요.
보다 넓고 다양한 사회변화를 인지하고
무언지 모를 호기심이 몽글몽글 생겨났다면,
이제 도시에 대한 공부를 시작하셔도 좋습니다!

한국도시설계학회 여성연구자 연구위원회 부위원장
인천연구원 도시공간연구부 연구위원
공학박사 윤 혜 영

도시학은 이공계에서 가장 문과적인,
어떤 길을 가게 될지 잘 보이지 않지만
실은 가장 갈 곳이 많은 학문 중 하나입니다.
조용하지만 사회를 변화시키는 힘이 있는
영역이며, 빙 둘러 오셔도 좋지만
일찍 시작하면 더 좋을 것입니다.

한국도시설계학회 여성연구자 연구위원회 간사
원광대학교 건축학부 건축학과 학과장
공학박사 박 연 정

도시관련 국내 대학의 학과를 조사하다 보니
'도시와 건축, 그리고 사회, 행정'은
연결되어야 함을 확인할 수 있었습니다.
국내 대학에서는 여전히 통섭에 바탕을 둔 교육이
요원하지만, 공간을 만들기 위한 '제도와 기술, 삶의 방식'에
대한 이해는 어떤 학과에서도 기본이 될 것입니다.
여러분들도 다양한 시각에서 도시를 바라보시길 바랍니다.

한국도시설계학회 여성연구자 연구위원회 위원
인하대학교 건축학부 조교수
공학박사 정 혜 진

도시건축은 사람들이 삶을 담는 그릇입니다.
어떤 장소에 갔을 때 마음이 벅차오르며
행복했던 기억이 있나요?
어떤 곳에서는 불쾌하고 으스스했던 적이 있지요?
사람에게 감정을 불러일으키고
삶의 질을 결정하는 가장 중요한 요소가
공간환경이기 때문입니다.
행복의 공간을 만들어보고싶다면,
도시공간에 대한 공부로 시작하세요.

한국도시설계학회 여성연구자 연구위원회 위원
국민대학교 건축학부 부교수
공학박사 박 미 예

도시는 마치 여러 색과 굵기의 실타래들이
섬세하게 얽혀있는 조직 같아요.
여러분도 이 네트워크의 어딘가에 속해 있기에,
도시를 공부한다는 것은
분명 흥미로운 여정이 될 것입니다.

한국도시설계학회 여성연구자 연구위원회 위원
인천연구원 도시공간연구부 연구위원
공학박사 안 내 영

많은 사람들이 여러 가지 형태로 살아가기
때문에 도시의 모습은 참으로 다양합니다.
이런 게 어우러져
도시는 저절로 만들어지는 것처럼 보이지만
도시도 가꾸어야 살기 좋아집니다.
너와 나의 공간을 적극적으로 가꾸어가고 싶다면
도시분야를 추천합니다!!

한국도시설계학회 여성연구자 연구위원회 위원
한동대학교 창의융합교육원 조교수
공학박사 김 현 정

늘 호기심을 갖고, 끝없는 가능성을 상상하며
협력과 창의력으로 미래 도시를 그려보세요.
여러분의 손으로 만들어가는 도시는
미래세대에게 빛나는 유산이 될 것입니다.
함께 나아가요!

한국도시설계학회 여성연구자 연구위원회 위원
광운대학교 건축학부 조교수
공학박사 서 유 진

추억은 늘 어떤 특별한 공간과
깊이 연결되어 기억 속에 머무릅니다.
건축과 도시의 탐구와 계획은, 결국
우리가 체험하는 물리적 공간을 구축하는 것뿐만 아니라,
모든 이의 추억과 삶을 채워가는 일이랍니다.
이처럼 흥미진진하고 의미 깊은 공부에
여러분을 초대합니다! 함께해요 :)

한국도시설계학회 여성연구자 연구위원회 위원
한국교육시설안전원 사원
공학석사 정 지 원

건축, 조경, 교통, 환경 등
다양한 분야가 모여
하나의 도시를 이루는 것처럼
다양한 것들에 대해 관심을 가지고
앞으로 나로 인해 바뀔 무궁무진한
도시의 이야기를 계획해봐요!

3. 한국도시설계학회 12대위원회 소개

위원회명		위원장
비전위원회	편집위원회	강동진
	학술1위원회	오세규
	학술2위원회	이수기
	연구1위원회	권영상
	연구2위원회	이제승
	기획위원회	조영태
	홍보위원회	김환용
	출판/정보위원회	이건원
	국제교류위원회	이재수
	대외협력위원회	이범현
	제도위원회	김영철
	지역위원회	홍석호
	씨티넷위원회	이재민
	장학및기금위원회	김영환

소속	소개
경성대학교	편집위원회는 사단법인 한국도시설계학회가 정기적으로 발간하는 "도시설계(Urban Design)"의 논문투고 및 심사, 발간 등에 관한 제반 사항을 담당한다.
전남대학교	학술위원회는 학술발표대회를 주관하고 학회의 학술적 소통 활성화를 위해 노력한다.
한양대학교	한국도시설계학회 학술2 위원회는 학술1 위원회의 학술 활동을 지원한다. 또한, 학회의 분과 위원회와 지회 주도로 이루어지는 학술 활동을 장려하고 체계적으로 관리하여 학회 회원들의 학술역량 향상에 기여한다. 나아가 학회 회원들의 학술활동을 고양하고 학회원 서로 간의 학술교류를 활성화 하여 학술역량을 강화시킬 수 있는 사업을 발굴하고 기획하여 추진한다.
서울대학교	연구1 위원회는 학회의 목적과 시기에 걸맞는 연구용역의 창출과 또한 학회에 의뢰되는 연구용역들의 선정을 위하여 학회구성원과 협력한다.
서울대학교	연구2위원회는 학회의 중장기 연구과제 발굴 및 연구 성과 공유를 담당한다.
LHI	기획위원회는 학회의 중장기 발전전략의 수립과 주요 정책사업의 발굴 및 기획을 담당한다.
한양대학교	홍보위원회는 학회 활동에 대한 다양한 홍보방안 수립을 통해 사용자 눈높이에 맞춘 도시설계 저변확대 활동을 담당한다.
고려대학교	출판/정보위원회는 학회의 전문서적 및 대중서적 출판 등을 기획하며, 홈페이지 등을 포함한 다양한 매체를 활용해 학회 내외 정보체계 개선을 통한 의사 소통 활성화를 담당한다.
강원대학교	국제교류위원회는 학회의 국제화 전략을 수립하고 다양한 사업을 시행함으로써 학회지의 국제화와 국제학술교류의 장을 모색한다.
성결대학교	대외협력위원회는 학회 고유 영역의 발전을 위한 대외 교류의 폭을 넓히기 위한 대외협력사업을 시행함으로써 학회의 지속가능한 발전을 모색한다.
카이스트	제도위원회는 학회 분야와 관련한 법제도의 개선과 수립을 위한 주요 정책사업의 발굴 및 기획을 담당한다.
목포대학교	지역위원회는 지역간 교류 지역의 문제를 함께 고민, 연구하는 분과이다.
연세대학교	시티넷위원회는 학회의 유투브 채널의 콘텐츠를 발굴하고 채널 활성화를 담당한다.
청주대학교	도시를 공부하는 학생들에게 장학금과 기금을 마련하는 위원회 활동을 담당한다.

위원회명			위원장
연구위원회	스마트 지속가능도시 클러스터	미래도시연구위원회	오주석
		건강도시연구위원회	김은정
		컴팩트도시연구위원회	박윤미
		레질리언스연구위원회	이삼수
		빅데이터연구위원회	김태형
		신도시연구위원회	김준우
		포용도시연구위원회	김세훈
	미래교육 및 연구혁신 클러스터	신진연구자연구위원회	김형규
		온라인콘텐츠연구위원회	홍경구
		교과과정개발연구위원회	강범준
		미래도시인프라연구위원회	오다니엘
	디자인-문화 융복합 클러스터	도시경관연구위원회	위재송

소속	소개
고려대학교	미래도시연구위원회는 국내외 도시설계 분야의 미래지향적 성장과 협력 확대를 위해 유관 학술, 기술, 정책, 계획 및 설계, 사업 운영 등 분야의 연구·교류를 담당한다.
계명대학교	건강도시연구위원회는 삶의 질과 건강, 웰빙이 중요해지는 시대에 맞는 도시계획 및 설계적 대안을 탐구하는 위원회이다. 본 위원회는 '도시에 거주하는 사람들이 보다 건강하게 살 수 있을까?'에 대한 해법을 찾기 위해 토론하고 연구한다. 건강친화적 도시계획과 설계적 대안을 찾는 것 뿐만 아니라, 보건학과 예방의학 등 타 분야와의 협력적 논의를 통한 건강도시 구현에 노력한다.
서울대학교	컴팩트도시연구위원회는 인구감소와 환경문제에 대응하여 토지이용의 효율화, 복합화, 컴팩트화를 통해 활력 있고 지속가능한 도시의 모습과 방향성을 고민하는 위원회이다.
LHI	최근 기후변화로 폭우, 폭염 등 재난의 발생빈도 및 강도가 증가하고 있으며 이에 따라 도시차원에서 재난대응의 선제적·적극적 예방 및 대응차원의 도시회복력 강화 필요성이 높아지고 있다. * 도시회복력 : 도시의 기후변화 및 재난대응을 시공간적으로 포괄하는 개념이며, 지속가능한 도시를 위해 도시가 가지고 있는 다양한 대응능력(취약성, 적응력, 전환능력 등) 의미 레질리언스연구위원회는 기후변화 및 재난에 대응한 도시회복력과 관련한 도시차원에서의 도시회복력의 개념과 이를 도시계획 및 설계에 적용하기 위한 다양한 전문가들의 의견을 수렴하고 이를 논의할 수 있는 활동 및 교류의 장으로서 역할을 하고자 한다.
서울대학교	빅데이터연구위원회는 빅데이터 기반의 도시설계 의사결정, 빅데이터 분석 체계 구축, 빅데이터와 데이터 사이언스의 학문적 탐색 및 전문가적 교류, 인공지능, 기계학습, 심층학습의 도시설계 분야 적용 가능성 확대를 위한 논의를 활성화한다.
대구대학교	신도시연구위원회는 신도시 도시설계의 연구 및 실무 프로젝트를 지원하고, 다양한 신도시 사례를 중심으로 학술적 논의 및 연구를 지원한다.
서울대학교	포용도시연구위원회는 여러 주체의 공간에 대한 목소리와 포용적 도시설계 관련 생각을 모으고 다양한 매체를 통해 공유하는 위원회이다.
홍익대학교	신진연구자위원회는 도시설계 분야 신진연구자의 학술적 협력과 교류를 담당한다.
단국대학교	온라인콘텐츠연구위원회는 학회의 주력 학회세미나를 통해 K-도시와 건축의 모색을 통한 콘텐츠를 발굴하고 학회의 학문적 영역성과 저변확대를 도모한다.
서울대학교	교과과정개발연구위원회는 도시설계 관련 커리큘럼 개발 및 교재 제작을 기획하고 실행한다.
고려대학교	미래도시연구위원회는 미래도시가 필요로 하는 인프라스트럭쳐에 대한 논의와 토론의 장을 시작으로 미래도시 계획과 기초를 다지는데 목표를 갖고 연구한다.
서경대학교	본 연구위원회에서는 도시경관 관리의 실천적 연구와 방안을 모색하고자 하는데 목적이 있으며, 도시경관은 최근 도시패러다임(도시재생, 스마트시티, 포용도시, 빅데이터 등)의 변화를 반영해야 할 뿐만 아니라 선도적인 방법론을 제시할 필요가 있다. 이에 본 연구위원회와 지회가 중심이 되어 관련분야 전문가와 지자체의 관련 행정전문가들과 함께 도시관리계획(지구단위계획)의 경관관리(도시건축통합계획, 입체적도시구상, 경관상세계획 등)에 대한 제도적·행정적, 계획적 측면에서의 담론을 주도하고자 한다.

위원회명			위원장
연구 위원회	디자인-문화 융복합 클러스터	공공디자인연구위원회	이석현
		문화관광도시연구위원회	심창섭
		융복합연구위원회	차승현
		도시조경연구위원회	김영민
	도시관리-공간복지 융복합 클러스터	도시재생연구위원회	김충호
		도시재정비연구위원회	최강림
		공간복지연구위원회	김혜정
		주택정책연구위원회	우아영
		부동산연구위원회	원재웅
		타운매니지먼트연구위원회	박승훈
		주거지관리연구위원회	이영은
		중소도시연구위원회	조준혁

소속	소개
중앙대학교	공공디자인연구위원회는 도시계획에 있어 공공디자인의 방향과 내용에 대한 체계적인 학술적, 계획적 측면에서의 발전을 목적으로 구성되었다. 이를 위해 다양한 학술단체와의 교류, 지방자치단체와의 협력, 구성원 내부의 토론과 기술적 제안을 하고자 한다.
가천대학교	문화관광연구위원회는 문화의 생산과 관광을 통한 향유가 선순환하는 도시를 만들어가기 위한 다양한 주제를 논의한다.
카이스트	융복합 연구위원회는 건축 및 도시설계에 융복합적연구도입을 통한 새로운 방향성을 기획한다.
서울시립대학교	도시조경연구위원회는 도시조경과 관련된 연구 성과와 최신의 동향을 공유하고 도시조경설계 실무의 성과를 연구에 접목하여 도시조경 분야의 이론과 실무의 발전을 도모한다.
서울시립대학교	도시재생위원회는 새로운 전환기의 도시재생 개념을 정립하고 학연관산의 네트워크를 활성화한다.
경성대학교	'도시재정비 연구위원회'는 기존의 도시재생을 극복하는 새로운 재개발·재건축·리모델링 등이 포함된 '도시재정비' 관련 정책 및 사업 등의 현황을 파악하여 '시대적 이슈'를 도출하고, 공공(중앙정부 및 지방자치단체 등) 및 민간을 위한 '정책 및 사업방향 제시' 등에 관하여 연구한다.
GH경기주택도시공사	공간복지연구위원회는 공간복지 분야의 인식공유, 사업발굴 및 저변 확대를 위한 기획 및 네트워크 구축을 목표로 한다.
한양대학교	주택정책연구위원회(위원장: 우아영 교수, 한양대학교)는 2023년 '주거취약층을 위한 주택 찾기'라는 주제로 관련된 사례와 정책 등을 살펴보았다. 주거취약층을 위한 복잡하고 다양한 주택 제도에 대한 장단점, 특징 및 통합 방안, 새로운 시사점 등을 도출할 수 있는 논의의 장을 구성하고자 했다.
경희대학교	부동산연구위원회는 도시설계·계획·개발과 연계된 부동산연구를 살펴보았다. 특히, 도시디자인의 경제적 가치가 무엇인가라는 질문을 중심으로 사회·환경·건강 등 다양한 측면에서 가치를 만들어내는 도시의 모습을 탐구하고자 한다.
단국대학교	타운매니지먼트위원회는 상업·업무시설이 모여있는 도심에 하드웨어 건설을 통한 재생뿐만 아니라 체험 프로그램 등 다양한 소프트웨어적 프로그램이 함께 어울려지는 문화적 공간을 구성하는 개념으로 공간이 단순히 사람이 만날 수 있는 물리적 장소로서의 기능을 넘어 도시공간을 통해 삶의 질이 높아지고 행복을 느낄 수 있는 '공간복지'의 개념으로까지 확대할 수 있도록 도시설계적 대안을 탐구하는 위원회이다. 본위원회는 도시개발사업에서 수익분석 중심의 개발 개념에서 타운매니저먼트 개념을 통해 공간복지를 추구할 수 있는 개발이 되도록 노력한다. 특히, 우리 주변의 많은 도시공간들이 사람들에게 좋은 인상을 주는 장소, 사람들에게 기쁨을 주는 장소, 사람들에게 좋은 추억을 주는 장소, 그래서 다시 자주 방문하고 싶은 공간이 어떤 공간인지 도시를 두루 답사하면서 이러한 공간을 찾아보고 함께 논의하는 위원회이다.
LHI	주거지관리위원회는 국내 쇠퇴주거지의 재활성화를 위한 국내외 사례를 스터디하고 국내 주거지 관련 정책의 실효성에 대한 검증과 새로운 대안을 제시하여 정부와 학계의 협업을 통한 합리적 정책 생산에 일조한다.
경상국립대학교	중소도시연구위원회는 지역중소도시의 주요 이슈를 찾아 공론화하고, 해결방안을 학술적 실천적 관점에서 연구하고자 한다.

	위원회명		위원장
연구위원회	도시관리-공간복지 융복합 클러스터	탄소중립도시연구위원회	정윤남
		보행공간연구위원회	오성훈
		자전거친화도시연구위원회	송기황
		노후계획도시정비연구위원회	김준형
	국제화-특성화 클러스터	해외개발연구위원회	김민재
		해외및남북교류연구위원회	진정화
		문화교류연구위원회	이광현
		여성연구자연구위원회	유해연
원/센터		교육원	이재훈
		학술원	최창규

소속	소개
전남대학교	탄소중립도시연구위원회는 2050년 탄소중립 목표 달성을 위한 탄소중립도시의 개념, 방향, 관련 학술적 이슈 등과 관련된 연구를 담당한다.
건축공간연구원	본 연구위원회는 보행자의 행태 및 보행공간 설계에 대한 제반 이론 및 실무에 대한 지식체계를 발전시키는 데에 기여하고자 한다. 이를 위해 본 연구위원회는 보행행태에 대한 연구성과, 보행자의 안전과 편의를 증진시킬 수 있는 설계방안 및 도시정책 등 다양한 분야에서의 접근에서 거둔 성과를 입체적으로 조망함으로써, 분야별 연구자들의 다양한 연구내용을 공유하고 발전시키는데 도움이 되고자 한다.
수연건축	자전거친화도시 연구위원회는 자전거 활용의 보급 및 확대를 위해 도시설계적 측면에서의 자전거 친화도시 조성을 위한 정책, 계획 등을 도출하는 것을 목표로 운영한다.
명지대학교	1기신도시 등 계획도시의 노후화가 본격적으로 진행되면서, 정비에 대한 요구가 늘어나고 있다. 이 요구에 대응하여 최근 정부의 대응 방안이 마련되고 있으나, 가장 본질적인 질문, 즉 '노후해진 계획도시는 어떻게 다시 설계되고 계획되어야 하는가?'라는 질문에 대한 고민이 학술적으로 충분히 이루어지지 못한 채 진행되고 있다. 이에 학회의 '노후계획도시정비연구위원회'는 학회 회원들을 중심으로 이 질문을 함께 고민하고 그 결과를 제시함으로써, 노후계획도시 정비 추진에 직접적으로 반영하려는 목적으로 운영될 예정이다.
인제대학교	해외개발연구위원회는 해외 정책사례 발굴, 거버넌스 구축 및 교류 등의 역할을 수행한다.
피에이씨	해외 및 북한교류연구위원회는 외국 및 북한연구 관련 단체와의 협력 및 연구, 세미나, 행사 교류 기획을 담당한다.
경일대학교	문화교류위원회는 문화공간의 기획자들, 운영자들과의 교류를 통해 문화도시 공간설계의 발전을 모색한다.
숭실대학교	학회의 여성연구자들의 연구활동을 지원하고, 부족한 연구분야와 소외된 연구분야들의 활성화를 도모합니다. 여성친화도시설계 국내외 세미나를 개최하며, 후학 양성을 위한 다양한 프로그램을 제안하고 있다.
단국대학교	도시설계 교육원은 새로운 도시건축 트렌드 및 미래사회의 세계적 동향에 대한 정보공유와 지식교육의 플랫폼으로서, 도시설계 분야 리더를 위한 엘리트교육 및 중견 종사자를 위한 계속 교육의 기회를 제공하고자 한다. 이를 위해 독창적인 커리큘럼을 갖는 건축도시설계 최고위과정, 중견과정 등의 교육과정을 개설하고, 지도교수제와 자문위원 제도를 활용하여 수강자와 강사, 수강자와 수강자 간의 인적 네트워크 구축으로 교육의 시너지 효과를 거두고자 한다.
한양대학교	학술원은 도시설계 분야의 학문적 전공적인 개념을 정립해 나가면서, 그 경계를 확장해 나가고자 한다. 새로운 학문 분야가 모두 그러하듯, 도시설계는 다수의 학문과 전문 분야들의 겹쳐진 경계에서 출발하였다. 이와 같은 학문적 기수역(blackish water zone)에서는 배타적인 개념 정리를 하기보다는, 경계를 정의하지 않고 다양하고 선도적인 시도와 개척들을 받아드리고 상호 교류를 진행하여야 한다. 이를 위하여 학술원에서는 세미나, 라운드테이블, 출간, 학술상 선정 등의 사업을 진행하고 있다.

위원회명		위원장
원/센터	연구원	송하엽
	인권/윤리센터	유창균
	지식나눔센터	류영국
	지역균형발전센터	김형보
	미래도시센터	김경배
	해외도시정보센터	한광야
	도시관리정보센터	손동욱
	도시설계정보센터	김기연

소속	소개
중앙대학교	연구원은 국민-학회-정부/지자체를 연결하는 네트워크 형성과 도시어젠다 발굴에 주력한다.
목포대학교	'인권/윤리센터'는 다원적 주체의 다양한 활동이 얽혀 매우 복잡한 일상으로 이루어지는 현대 도시 건축공간에서 인권 가치를 최우선하여 보장하고, 각종 도시 병리현상의 갈등 조정과 해소를 넘어 민주적 시민의식 함향이 가능한 물리적 공간의 계획·설계적 개념 확립 및 실무 지원을 주도하며, 연구윤리의식 고취와 연구진실성 확보의 중심축이 되고자 한다. 이를 위해 인권/윤리 관련 국내·외 우수사례의 발굴과 교육·체험프로그램을 개발하여 운영하고자 한다.
지오시티	지식나눔센터는 공공기관(MOU체결 추진기관 중심, 기관회원 우대), 민간으로부터 의뢰받은 사안을 지식나눔차원에서 학회회원으로 구성한 위원들이 해결책을 마련하여 제시한다.
동의대학교	지역균형발전센터는 수도권 및 비수도권 등, 도시설계학회 지회와 지회, 도시설계학회와 타 학회 등의 교류를 통한 지역의 쇠퇴지역의 원인과 현상분석을 통하여 지역 활성화 전략을 수립하고, 각 지회를 거점으로 지역 균형 발전에 대한 현안과 이슈를 중심으로 지역 협력형 워크샵 및 세미나를 실시하여, 산학 연계 및 지역 교류의 장을 마련함으로써, 지역별 네트워크의 활성화와 지역 균형 발전을 도모한다.
인하대학교	'미래도시연구원'은 최근 급격하게 떠오르고 있는 새로운 도시설계 이슈(기후변화, 탄소중립, 모빌리티, 레질리언스, 스마트기술 등)에 대한 토론회, 집담회, 연구프로젝트를 기획/운영함으로써 한국도시설계학회 회원간의 소통과 담론형성, 정보공유 기회를 제공하고자 한다. 그리고 중앙정부와 지방자치단체, LH, iH, GH, K-Water, KAIA, HUG, 한국연구재단, 서울연구원, 인천연구원등 다양한 전문기관과 협업사업을 진행함으로써 도시설계 분야의 새로운 업역을 만들고, 정보공유, 미래발전 담론을 형성하는 선도적인 역할을 담당한다.
동국대학교	해외 대도시 및 중소도시의 도시재생, 도시재개발, 도시관리 사례들에 관한 전문가 릴레이 세미나의 기획 진행과 그 결과물을 모은 사례연구집(단행본)의 발간한다. 해외 대도시 및 중소도시의 도시재생, 도시재개발, 도시관리 사례지 방문 및 관련 기관 방문교육을 추진하며 회장단, 기획위와 답사 진행 관련 추후 협의한다. 예로서 런던 및 주변 중소도시 방문 (2023년 여름), 뉴욕 및 주변 중소도시 방문(2023년 여름) 등 답사를 기획했다.
연세대학교	도시관리를 위한 정보센터를 운영하고, 이에 대한 활성화 방안을 모색한다.
㈜해안건축	도시설계정보센터는 공유가치가 높은 기록물들을 발굴하고, 체계화된 분류/보관/정리 시스템을 구축하여, 파편화되고 사장되는 도시설계 및 관련분야의 주요 자료들을 보존하고자 한다. 이를위해 도시설계학회를 중심으로 임원 및 공공/민간기업의 기증을 적극적으로 독려하고, 전시 및 온라인 아카이빙을 통한 자료공유 환경을 조성하여, 도시/건축/조경/환경 분야 자료공유 네트워크의 중심이 되어 전문학회로서 위상과 기능을 높이고자 한다.

발 행 일	|	2024년 2월 28일
저　　자	|	한국도시설계학회
기　　획	|	한국도시설계학회 여성연구자 연구위원회
디 자 인	|	하 영 진 (더레드)
발 행 인 출판등록	|	(주)스파이더네트웍스 서울특별시 강남구 압구정로18길, 1층 (신사동, 한국산업양행빌딩)
등　　록	|	제 2022-000006호 chanwoo44@naver.com
인　　쇄	|	스파이더네트웍스
가　　격	|	28,000원

※ 이 책은 저작권법에 보호받은 저작물이므로 무단전제와 무단 복재를 금지하며,
　이 책 내용의 전부 또는 일부를 이용하려면 반드시 저작권자의 서면동의를 받아야 합니다.

※ 이 책의 수익금의 일부는 도시(건축, 조경 등)를 공부하는 미래인재를 위한 기금으로 활용될 예정입니다.